U0210746

多维标度方法

李庆娜　著

科学出版社

北京

内 容 简 介

本书主要介绍了多维标度方法的主要内容, 主要包括三部分内容. 第一部分(第1章至第6章)介绍传统多维标度方法的内容, 包括经典多维标度方法、度量多维标度方法、非度量多维标度方法及多维标度方法应用的具体流程. 第二部分(第7章)介绍多维标度方法的最新进展, 主要是基于欧氏距离阵的优化模型. 第三部分(第8章到第10章)介绍多维标度方法在一些实际问题中的应用, 如图像排序、蛋白质分子重构及大型臂架的姿态感知.

本书可作为从事优化及相关应用方向的研究生教材及优化运筹专业的博士生教材, 也可作为运筹学有关的科研人员的参考用书.

图书在版编目(CIP)数据

多维标度方法/李庆娜著. —北京: 科学出版社, 2019.4
ISBN 978-7-03-060963-2

Ⅰ.①多… Ⅱ.①李… Ⅲ.①标度性-方法 Ⅳ.①O414.2

中国版本图书馆 CIP 数据核字(2019) 第 059218 号

责任编辑: 胡庆家 / 责任校对: 彭珍珍
责任印制: 吴兆东 / 封面设计: 陈 敬

科 学 出 版 社 出版
北京东黄城根北街 16 号
邮政编码: 100717
http://www.sciencep.com

北京九州迅驰传媒文化有限公司 印刷
科学出版社发行   各地新华书店经销

*

2019 年 4 月第 一 版   开本: 720×1000 B5
2020 年 11 月第二次印刷   印张: 8 3/4
字数: 130 000

定价: 68.00 元
(如有印装质量问题, 我社负责调换)

前　　言

多维标度方法涵盖多种技术, 其发展主要得力于数学心理学家及杂志 *Psychometrika*, 该方法的许多文章都发表在该杂志上. 现在, 多维标度方法已经流行起来, 其应用也从传统的行为科学拓展到其他领域. 多维标度方法是数据分析中的一种重要的方法, 许多统计方面的软件都包含有多维标度方法.

本书主要包含三部分内容. 第一部分 (第 1 章至第 6 章) 介绍多维标度方法的传统内容, 包括经典多维标度方法、度量多维标度方法、非度量多维标度方法及多维标度方法应用的具体流程. 第二部分 (第 7 章) 介绍多维标度方法的最新进展, 主要是基于欧氏距离阵的优化模型. 第三部分 (第 8 章到第 10 章) 介绍多维标度方法在一些实际问题中的应用, 如图像排序、蛋白质分子重构及大型臂架的姿态感知.

作者在撰写本书过程中得到了国内外同行专家的大力支持, 在此表示感谢. 特别感谢英国南安普顿大学戚厚铎教授及北京交通大学修乃华教授对作者撰写本书的指导和帮助. 感谢作者的家人的支持. 最后感谢对多维标度理论作出贡献的专家学者, 因为没有他们, 就没有这本书.

本书的出版得到了国家自然科学基金 (11671036) 的资助.

本书可作为数学、统计学、运筹学及相关学科的高年级本科生及研究生的教材和参考书. 因作者水平所限, 本书难免有不足之处, 恳请读者不吝赐教. 来信请发至: qnl@bit.edu.cn.

李庆娜

2019 年 1 月

目　　录

第1章 绪　　论

1.1　概　　述

考虑 n 个对象, 对于任何一对对象 (r, s) 会有不相似性的测量 δ_{rs}. 例如, 这组对象可能是 10 瓶酒, 其中每瓶酒都来自不同的酿酒厂. 依据对麦芽糖含量的专业判断, 第 r 瓶酒与第 s 瓶酒的不相似性 δ_{rs} 可能是 0—10 之间的整数. 判断标准是: 0—两瓶酒很相似, 不能辨别它们的不同, 10—两瓶酒完全不同. 评估人经过一天的工作, 产生了 45 组对比和一个完整的不相似矩阵 $\{\delta_{rs}\}$. 根据 Jackson[68] 对威士忌酒的判断标准, Lapointe 和 Legendre[78] 意识到对威士忌酒恰当地统计分析的重要性.

多维标度 (multidimensional scaling, MDS) 的狭隘定义是搜索一个低维空间, 空间中的点代表对象 (威士忌酒), 每个点代表一个对象, 因此两点间的距离 (通常是欧氏距离) $\{d_{rs}\}$ 尽可能好地匹配原始的不相似性 $\{\delta_{rs}\}$. 用于搜索这个空间和相关点的布局的技术便形成了度量和非度量多维标度方法.

例子　描述多维标度方法的一个经典方式是利用城市间的旅行次数来重构城市地图. Greenacre 和 Underhill[58] 使用南部非洲机场的飞行次数, Mardia 等[91] 使用的是英国一些城市间的公路距离. 在这里为了方便演示, 对英国 12 个城市间的道路旅行次数用 (经典) 多维标度方法, 这将在第 2 章详细介绍. 图 1.1.1 给出了这种方法产生的点的布局[22]. 图中城市的相对位置与英国地图中对应城市位置有惊人的相似性. 当然, 稍有不同的是, 图 1.1.1 中的城市对比实际地图中的位置稍有旋转, 且看起来关于某条线对称.

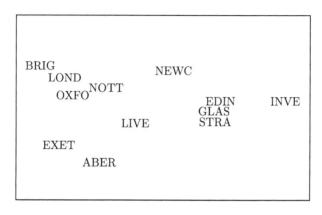

图 1.1.1   英国城市地图

ABER: Aberystwyth, BRIG: Brighton, EDIN: Edinburgh, EXET: Exeter,

GLAS: Glasgow, LIVE: Liverpool, LOND: London, NEWC: Newcastle,

NOTT: Nottingham, OXFO: Oxford, STRA: Strathclyde, INVE: Invemss

多维标度方法不仅可以重构地图, 还可以用于分析不同情形下更广范围的不相似性数据, 如威士忌酒品尝数据, 我们还将在后面章节介绍的其他情形.

多维标度方法的广义定义可归结成多元数据分析的几种方法. 极端一点说, 它涵盖了由多元变量数据得到对象图形化表示的任何技术. 例如, 对威士忌酒的不相似性数据进行聚类分析, 就可以得到相似的威士忌酒的分组. 本书旨在给出关于多维标度方法的主要理论及现代优化模型与算法.

多维标度方法的大多数理论是在行为科学中发展起来的, 很多这方面的论文都发表在《心理测量学》($Psychometrika$) 上. 目前多维标度技术已经成为一种流行的数据分析方法, 主流统计软件已经把该方法纳入其中. 目前, 国际上已经有一些关于多维标度方法的著作, 如文献 [13], [22], [25], [37]. 国内关于多维标度方法的介绍如文献 [143], [144] 中的部分章节.

1.2 符 号 说 明

$\mathcal{S}^n$ 表示 $n \times n$ 对称矩阵的集合. $\mathcal{S}^n_+$ 表示 $n \times n$ 对称半正定矩阵的集合. $X \succeq 0$ 表示 X 是对称半正定矩阵, 即 $X \in \mathcal{S}^n_+$. 用 $\mathbf{1}$ 表示分量均为 1 的列向量. 用 $\mathrm{Diag}(a_1, \cdots, a_n)$ 表示由 $a_1, \cdots, a_n$ 为对角线元素所组成的对角方阵. 没有特殊说明, 我们用 $\|\cdot\|$ 表示向量的 l_2 范数和矩阵的 F 范数.

1.3 数据与模型

多维标度方法可以分析几种类型的数据. 行为科学家已经对一些数据进行了分类, 这些分类方法可能并不为很多人所熟悉. 下面我们进行简要介绍.

1.3.1 数据类型

变量可以根据计量尺度进行分类, 四种尺度分别是定类尺度、定序尺度、定距尺度和定比尺度.

定类尺度 该尺度下的数据是可分类的, 并且不同的类之间是可以区分的, 例如, 头发的颜色、眼睛的颜色.

定序尺度 该尺度下的数据是可以排序的, 但不是定量数据. 例如, 3 号酒瓶里的威士忌酒比 7 号酒瓶里的酒质量好.

定距尺度 定量数据是在区间尺度下测量的, 此时, 两个值的差是有意义的, 例如摄氏温度、运动前后脉搏速率的差异.

定比尺度　定比尺度测量下的数据和定量尺度下的数据类似, 但定比尺度有一个有意义的零点, 例如体重、身高、开尔文温度等.

多维标度方法是在对象、个体、主体或刺激相互关联的数据上进行的, 这四项通常是可交换的, 虽然对象通常指的是无生命的事物, 例如威士忌酒, 个体和主体指的是人或动物, 而刺激通常指的是无形的实体, 例如威士忌酒的味道.

一个对象 (刺激等) 与另一个对象的关系最常用的计量是邻近计量, 它用来衡量一个对象与另一个对象的亲密度, 既可以是一个对象对另一个对象的相似性测量 s_{rs}, 也可以是两个被测对象间的不相似性 δ_{rs}.

假设对于威士忌酒的品尝测试, 多个评估人都参与评估威士忌酒. 可用的数据是 $\delta_{rs,i}$, 其中 r, s 指的是威士忌酒的瓶数, i 表示第 i 个评估人. 现在这种情况包含了一组威士忌酒 (刺激) 和一组评估者 (主体).

模数　对于多维标度, 构成数据基础的每组对象叫做一个模, 因此不相似性 $\delta_{rs,i}$ 是 2 模数据, 一个模是威士忌酒, 另一个模是判断.

式数　对象之间的测量的每一个下标叫做一个式, 因此 $\delta_{rs,i}$ 是 3 式数据.

因此, 多维标度数据通过它们的模数以及式数进行描述. 对于只有一种威士忌酒的判断, 数据是 1 模 2 式的, 这是最普遍的形式. 本书主要介绍这种形式.

1.3.2　多维标度方法的模型

本节对多维标度方法的模型进行简要介绍, 细节将在后面章节中给出. 我们从最简单的 1 模 2 式的邻近数据入手进行介绍.

假设 n 个对象间的不相似性数据是 $\{\delta_{rs}\}$, 可以在 p 维空间中找到 n 个点的布局, 其中每个点代表一个对象, 第 r 个点代表第 r 个对象. 记每两个点间的距离 (不一定是欧氏距离) 为 $\{d_{rs}\}$, 则多维标度方法的目的是找到一个布局使得距离 $\{d_{rs}\}$ 尽可能好地匹配不相似性 $\{\delta_{rs}\}$. 多维标度方法不同, 匹配的含义也有所差别.

经典多维标度方法 如果在布局空间中采用欧氏距离, 且

$$d_{rs} = \delta_{rs}, \quad r, s = 1, \cdots, n. \tag{1.3.1}$$

不相似性恰好等于欧氏距离, 则有可能找到一个点的布局来保证等式 (1.3.1) 的成立. 经典多维标度方法把不相似性 $\{\delta_{rs}\}$ 直接看成欧氏距离, 然后对不相似性数据双中心化后的矩阵进行谱分解. 这种方法将在第 2 章中讨论.

最小二乘标度方法 最小二乘标度方法是把距离 $\{d_{rs}\}$ 与变换后的不相似性 $\{f(\delta_{rs})\}$ 匹配, 其中 f 是单调连续函数. 函数 f 尝试把不相似性转换成距离, 用最小二乘方法来匹配距离和 $\{f(\delta_{rs})\}$, 以此来找到布局. 例如, 最小化损失函数可以找到一个布局, 损失函数为

$$\frac{\sum_r \sum_s (d_{rs} - (\alpha + \beta \delta_{rs}))^2}{\sum_r \sum_s d_{rs}^2},$$

其中 α, β 是需要求解的正常数.

经典多维标度方法和最小二乘标度方法都是度量标度方法, 其中度量指的是不相似性数据变换的类型, 而不是布局所在的空间的类型.

一维标度方法 若寻找的点的布局位于一维空间时, 称为一维标度

方法, 这是多维标度的特殊情形. 一维空间可以对对象排序, 这在分析中很有用.

非度量标度方法   如果去掉不相似性数据的度量要求, 那么就得到非度量多维标度方法. 此时变换函数 f 是任意的, 但是要遵守单调性约束

$$\delta_{rs} < \delta_{r's'} \Rightarrow f(\delta_{rs}) \leqslant f(\delta_{r's'}), \quad \forall 1 \leqslant r, s, r', s' \leqslant n.$$

通过变换只需要保持不相似性数据的排序. 这将在第 4 章讨论.

Procrustes 分析   假设对数据使用了两种不同的多维标度方法, 得到两个布局, 两个布局中的点代表同一组对象. Procrustes 分析就是将一个布局经过扩张、平移、反射或者旋转等变换, 尽可能好地匹配另一个布局, 以此得到两个布局产生的对比. 这个方法在第 6 章详细叙述.

1.4   邻   近

字面上的邻近意味着空间、时间或其他形式上的接近. 在进行统计分析前, 对象、个体、刺激的接近需要提前定义和测量. 在一些条件下, 这很直观. 但是在另一些条件下是有困难和争议的. 邻近的测度有两种类型: 相似性和不相似性, 分别可以解释为对两个对象的相似或不相似的程度.

设对象构成的集合为 O. 两个对象间的相似/不相似性的测度是定义在 $O \times O$ 上的实函数 S, 给出第 r 个对象与第 s 个对象间的相似性 s_{rs} 或不相似性 δ_{rs}. 通常 $\delta_{rs} \geqslant 0$, $s_{rs} \geqslant 0$, 且一个对象与其自身的不相似性为 0, 即 $\delta_{rr} = 0$. 通常相似性需要尺度化使得最大的相似性为 1, 即 $s_{rr} = 1$.

Hartigan[61] 给出了 12 种可能的近似结构. 在一个特定的近似测量选定前, 需考虑 S. 这些在文献 [21] 中给出. 具体如下:

S1　S 定义在 $O \times O$ 上是欧氏距离;

S2　S 定义在 $O \times O$ 上是度量;

S3　S 定义在 $O \times O$ 上是对称实值的;

S4　S 定义在 $O \times O$ 上是实值的;

S5　S 定义在 $O \times O$ 上的全序集 $(\preceq)$;

S6　S 定义在 $O \times O$ 上的偏序集 $(\preceq)$;

S7　在 O 上, S 是树 τ (当 $\sup_{\tau}(r, s) \geqslant \sup_{\tau}(r', s')$ 时, 有偏序关系 $(r, s) \preceq (r', s')$, 细节见文献 [21], [61];

S8　在 O 上, S 是完全相对相似有序 $\preceq_r$; 对 O 中的每个 r, $s \preceq_r t$ 意味着 s 与 r 的相似不如 t 与 r 的相似;

S9　S 是 O 上的相对相似偏序关系 $\preceq_r$;

S10　在 $O \times O$ 上, S 是一个相似性二分, $O \times O$ 被分解成一个相似对的集合和一个不相似对的集合;

S11　在 $O \times O$ 上, S 是一个包含相似对、不相似对和剩余对的相似性三分;

S12　S 是 O 的一个相似对象集的划分.

结构 S1 定义为欧氏距离, 是不相似性的一种非常严格的结构, 把它松弛为度量, 即为 S2. 如果

$$\delta_{rs} = 0 \quad \text{等价于} \quad r = s,$$

$$\delta_{rs} = \delta_{sr}, \quad \forall 1 \leqslant r, s \leqslant n,$$

$$\delta_{rs} \leqslant \delta_{rt} + \delta_{ts}, \quad \forall 1 \leqslant r, s, t \leqslant n.$$

把度量松弛成 δ_{rs} 是对称实值或实值就得到 S3 和 S4. δ_{rs} 的损失比例/区间度量导致了非度量结构 S5—S12. 在这些结构中, 最高级的结构是 S5, 是 $\{\delta_{rs}\}$ 的全序集. 最低级的结构是 S12, 仅对 O 分类成相似对象的

集合.

邻近测量的选择取决于当前工作中的问题, 并且这不是一件容易的事. 有时候两个对象间的相似性不依赖目标外的任何潜在数据. 例如, 在威士忌酒品尝实验中, 判断仅仅使用味觉和嗅觉来得到 0—10 间的一个分数. 相似/不相似性测量是完全主观的. 由判断得到的不相似性不可能是邻近结构 S1, 因为全是整实值. 唯一的可能性是, 如果威士忌酒可以被一个一维欧氏空间上的整数点表示, 则点之间的不同可形成 45 个不相似性. 满足 S2 也是不可能的. 最有可能的是结构 S3, 如果忽略实际分数, 只考虑不相似性的次序, 则有可能是 S5.

在其他情形, 对对象的相似性 (不相似性) 的构造来源于一个数阵, 这些叫做相似 (不相似) 系数. 一些作者, 例如 Cormack[21], Jardine 和 Sibson[69], Anderberg[2], Sneath 和 Sokal[122], Diday 和 Simon[35], Mardia 等 [91], Gordon[49], Hubalek[65], Gower[50], Gower 和 Legendre[54], Digby 和 Kempton[36], Jackson 等 [67], Baulieu[6], Snijders 等[123] 针对他们的问题讨论了各种各样的相似性和不相似性的测量. 下面这些作者的工作重点是试图找到隐藏在数据矩阵形成不相似性的背后的主要思想. 设 $X = (x_{ri})$ 定义为从 n 个对象在 p 个变量中得到的数据阵, 第 r 个对象的观测向量定义为 x_r, 因此 $X = (x_r^{\mathrm{T}})$.

定量数据 表 1.4.1 给出了定量数据的不相似性测量表. 特殊的定量数据是连续的, 也可能是离散的, 但不是二元的.

二元数据 当所有的变量是二元时, 通常是构造相似系数, 然后把它转换成不相似系数. 对象 r 和对象 s 间的相似测量依赖于图 1.4.1. 图 1.4.1 中显示共有 p 个变量, 对象 s 和对象 r 都为 1 的个数为 a, 对象 r 为 1, 对象 s 为 0 的个数为 b; 以此类推. 表 1.4.2 给出了基于 a, b, c, d 的

表 1.4.1　定量数据的不相似性测度

欧氏距离阵	$\delta_{rs} = \left\{ \sum_i (x_{ri} - x_{si})^2 \right\}^{\frac{1}{2}}$
权重欧氏距离阵	$\delta_{rs} = \left\{ \sum_i w_i(x_{ri} - x_{si})^2 \right\}^{\frac{1}{2}}$
Mahalanobis 距离	$\delta_{rs} = \left\{ (x_r - x_s)^{\mathrm{T}} \Sigma^{-1} (x_r - x_s) \right\}^{\frac{1}{2}}$
城市块距离	$\delta_{rs} = \sum_i |x_{ri} - x_{si}|$
Minkowski 测度	$\delta_{rs} = \left\{ \sum_i w_i|x_{ri} - x_{si}|^\lambda \right\}^{\frac{1}{\lambda}} \quad \lambda \geqslant 1$
Canberra 测度	$\delta_{rs} = \sum_i |x_{ri} - x_{si}|/(x_{ri} - x_{si})$
发散度	$\delta_{rs} = \frac{1}{p} \sum_i (x_{ri} - x_{si})^2/(x_{ri} + x_{si})^2$
Bray-Curtis	$\delta_{rs} = \frac{1}{p} \dfrac{\sum_i |x_{ri} - x_{si}|}{\sum_i (x_{ri} + x_{si})}$
Soergel	$\delta_{rs} = \dfrac{\sum_i |x_{ri} - x_{si}|}{\sum_i \max(x_{ri}, x_{si})}$
Bhattacharyya 距离	$\delta_{rs} = \left\{ \sum_i (x_{ri}^{\frac{1}{2}} - x_{si}^{\frac{1}{2}})^2 \right\}^{\frac{1}{2}}$
Wave-Hedges	$\delta_{rs} = \frac{1}{p} \sum_i \left(1 - \dfrac{\min(x_{ri}, x_{si})}{\max(x_{ri}, x_{si})} \right)$
Angular 分离	$\delta_{rs} = 1 - \dfrac{\sum_i x_{ri} x_{si}}{\left[\sum_i x_{ri}^2 \sum_i x_{si}^2 \right]^{\frac{1}{2}}}$
相关系数	$\delta_{rs} = 1 - \dfrac{\sum_i (x_{ri} - \bar{x}_r)(x_{si} - \bar{x}_s)}{\left\{ \sum_i (x_{ri} - \bar{x}_r)^2 \sum_i (x_{si} - \bar{x}_s)^2 \right\}^{\frac{1}{2}}}$

		对象 s		
		1	0	
对象 r	1	a	b	$a + b$
	0	c	d	$c + d$
		$a + b$	$b + d$	$p = a + b + c + d$

图 1.4.1　对象 r 与对象 s 的不相性举例

表 1.4.2　二元数据的相似性系数

Braun, Blanque	$s_{rs} = \dfrac{a}{\max\{(a+b),(a+c)\}}$
Czekanowski, Sørensen, Dice	$s_{rs} = \dfrac{2a}{2a+b+c}$
Hamman	$s_{rs} = \dfrac{a-(b+c)+d}{a+b+c+d}$
Jaccard coefficient	$s_{rs} = \dfrac{a}{b+c}$
Kulczynski	$s_{rs} = \dfrac{a}{b+c}$
Kulczynski	$s_{rs} = \dfrac{1}{2}\left(\dfrac{a}{a+b}+\dfrac{a}{a+c}\right)$
Michael	$s_{rs} = \dfrac{4(ad-bc)}{(a+d)^2+(b+c)^2}$
Mountford	$s_{rs} = \dfrac{2a}{a(b+c)+2bc}$
Mozley, Margalef	$s_{rs} = \dfrac{a(a+b+c+d)}{(a+b)(a+c)}$
Ochiai	$s_{rs} = \dfrac{a}{[(a+b)(a+c)]^{\frac{1}{2}}}$
Phi	$s_{rs} = \dfrac{ad-bc}{[(a+b)(a+c)(b+d)(c+d)]^{\frac{1}{2}}}$
Rogers, Tanimoto	$s_{rs} = \dfrac{a+d}{a+2b+2c+d}$
Russell, Rao	$s_{rs} = \dfrac{a}{a+b+c+d}$
Simple matching coefficient	$s_{rs} = \dfrac{a+d}{a+b+c+d}$
Simpson	$s_{rs} = \dfrac{a}{\min\{(a+b),(a+c)\}}$
Sokal, Sneath, Anderberg	$s_{rs} = \dfrac{a}{a+2(b+c)}$
Yule	$s_{rs} = \dfrac{ad-bc}{ad+bc}$

相似系数表. 各种情况需要特定的系数选择. 特别地, 可以尝试不止一种方法来测试所选方法的稳健性. Hubdlek[65] 给出了最全面的二元数据的相似系数表, 利用在真菌类中真菌的出现的数据, 以实证评估为基础, 将它们分成 5 组.

定类和带序数据　对于第 i 个定类变量, 对象 r 和 s 在同一类, 则

$s_{rsi} = 1$, 否则为 0. 一种变量相似性的方式是 $p^{-1} \sum_i s_{rsi}$. 当然, 如果有其他关于变量关系的信息, 则 s_{rsi} 可以赋为一个合适的值. 例如, 如果变量 "瓶子类型" 分 4 类: 标准 (st), 矮圆 (sh), 高圆 (ta), 正方 (sq). 下面对瓶子 r 和 s 的 "约定分数" 可能是合适的.

例如, 如果瓶子 r 是高圆和瓶子 s 是标准, 则 $s_{rsi} = 0.5$, 见图 1.4.2.

瓶子 r

	标准	矮圆	高圆	正方
标准	1.0	0.5	0.5	0.0
矮圆	0.5	1.0	0.3	0.0
高圆	0.5	0.3	1.0	0.0
正方	0.0	0.0	0.0	1.0

瓶子 s

图 1.4.2　瓶子 r 与瓶子 s 的不相似性举例

如果一个变量是有序的, 且有 k 类, 则 $k - 1$ 个指示变量可以代表这些类. 为了得到 s_{rsi} 的值, 可以将指示变量应用于相似系数. 例如, 如果一个瓶变量根据瓶的高度分类: 小, 标准, 高, 长且细, 则变量按照下面分类:

示性变量

分类	I_1	I_2	I_3
小	0	0	0
标准	1	0	0
高	1	1	0
长且细	1	1	1

如果瓶子 r 是 "标准" 的, 瓶子 s 是 "长且细" 的, 对这个变量使用简单匹配系数来测量相似性, 则 $s_{rsi} = 0.33$. 细节参见文献 [49], [122].

1.4.1　从相似性到不相似性的转换

相似系数经常需要转化成不相似性系数, 可能的转化为

$$\delta_{rs} = 1 - s_{rs},$$

$$\delta_{rs} = c - s_{rs}, \quad \text{对某个 } c,$$

$$\delta_{rs} = \{2(1 - s_{rs})\}^{\frac{1}{2}}.$$

所需的转换取决于当前的工作需要.

1.4.2　不相似性的度量本质

Gower 和 Legendre[54] 详细介绍了许多不相似系数的度量性和欧氏性质, 现在给出他们记录的一些重要结果.

令不相似性 $\{\delta_{rs}\}$ 放在不相似性矩阵 D 中. 同样地, 令相似性 $\{s_{rs}\}$ 放在相似性矩阵 S 中. 如果 δ_{rs} 是度量, 则 D 也叫做度量. 如果对所有的 $1 \leqslant r, s \leqslant n$, n 个点可以嵌入到一个欧氏空间使得第 r 和第 s 个点间的欧氏距离为 δ_{rs}, 则矩阵 D 是欧氏的.

如果 D 是非度量的, 则元素为 $\delta_{rs} + c$ $(r \neq s)$ 的矩阵是度量的, 其中 $c \geqslant \max\limits_{i,j,k} |\delta_{ij} + \delta_{ik} - \delta_{jk}|$.

如果 D 是度量的, 则元素为 (i) $\delta_{rs} + c^2$, (ii) $\delta_{rs}^{1/\lambda}$ $(\lambda \geqslant 1)$, (iii) $\delta_{rs}/(\delta_{rs} + c^2)$ 的矩阵也是度量的, 其中 c 为任意实常数且 $r \neq s$.

令矩阵 $\Lambda = \left(\frac{1}{2}d_{rs}^2\right)$, 则 Λ 是欧氏的当且仅当矩阵 $(I - 1s^{\mathrm{T}})\Lambda(I - s1^{\mathrm{T}})$ 是半正定的, 其中 I 是单位阵, 1 是全 1 向量, s 是满足 $s^{\mathrm{T}}1 = 1$ 的向量.

若元素为 $0 \leqslant s_{rs} \leqslant 1$ 且 $s_{rr} = 1$ 的矩阵 S 是半正定相似矩阵, 则元素为 $d_{rs} = (1 - s_{rs})^{\frac{1}{2}}$ 的不相似性矩阵是欧氏的.

如果 D 是不相似矩阵, 则存在一个常数 h 使得元素为 $(\delta_{rs}^2 + h)^{\frac{1}{2}}$ 的矩阵是欧氏的, 其中 $h \geqslant -\lambda_n$, λ_n 是 $\Lambda_1 = H\Lambda H$ 的最小特征值, H 是中心矩阵 $(I - 11^{\mathrm{T}}/n)$.

如果 D 是不相似矩阵, 则存在一个常数 k 使得元素为 $(\delta_{rs} + k)$ 的矩阵是欧氏的, 其中 $k \geqslant \mu_n$, μ_n 是

$$\begin{pmatrix} \mathbf{0} & 2\Lambda_1 \\ -I & -4\Lambda_2 \end{pmatrix}$$

的最大特征值, $\Lambda_2 = \left(\dfrac{1}{2} d_{rs} \right)$.

Gower 和 Legendre 的文章 [54] 中最后两个定理给出了加常数问题的解, 这将在第 2 章中讨论.

对于二元变量, Gower 和 Legendre 定义

$$S_\theta = \frac{a+d}{a+d+\theta(b+c)}, \quad T_\theta = \frac{a}{a+\theta(b+c)},$$

则选择合适的 θ, 可以得到表 1.4.2 中的相似系数. Gower 和 Legendre 证明:

对于 $\theta \geqslant 1$, $1 - S_\theta$ 是度量; 对于 $\theta \geqslant \dfrac{1}{3}$, $\sqrt{1 - S_\theta}$ 是度量; 若 $\theta < 1$, 则 $1 - S_\theta$ 可能是非度量; 若 $\theta < \dfrac{1}{3}$, 则 $\sqrt{1 - S_\theta}$ 可能是非度量. 当 T_θ 替代 S_θ 时, 有相似的结果.

若 $\sqrt{1 - S_\theta}$ 是欧氏的, 则对于 $\phi \geqslant \theta$, $\sqrt{1 - S_\phi}$ 也是欧氏的, 对于 T_θ 也有相似的结论.

对于 $\theta \geqslant 1$, $\sqrt{1 - S_\theta}$ 是欧氏的; 对于 $\theta \geqslant \dfrac{1}{2}$, $\sqrt{1 - T_\theta}$ 是欧氏的. 然而 $1 - S_\theta$ 和 $1 - T_\theta$ 可能是非欧氏的.

Gower 和 Legendre 给出了一张表介绍各种各样的相似/不相似矩阵, 并利用这些结果建立哪些系数是度量的, 哪些是欧氏的. 进一步的结果可以在文献 [16], [46], [50] 中找到.

1.5   矩 阵 结 果

现在假设读者对矩阵代数很熟悉, 但是这里要简单提及对称矩阵的谱分解 (SVD)、矩阵的奇异值分解和矩阵的广义逆. 矩阵代数相关知识可见文献 [62], [91].

1.5.1   谱分解

令 A 是 $n \times n$ 的对称矩阵, 特征值为 $\{\lambda_i\}$, 对应的特征向量为 $\{v_i\}$, 且 $v_i^{\mathrm{T}} v_i = 1, i = 1, \cdots, n$. 则 A 可以写成

$$A = V \Lambda V^{\mathrm{T}} = \sum_{i=1}^{n} \lambda_i v_i v_i^{\mathrm{T}},$$

其中,

$$\Lambda = \mathrm{Diag}(\lambda_1, \cdots, \lambda_n), \quad V = (v_1, \cdots, v_n).$$

矩阵 V 是标准正交的, 因此 $V V^{\mathrm{T}} = V^{\mathrm{T}} V = I$. 如果 A 是奇异的, 同样有

$$A^m = V \Lambda^m V^{\mathrm{T}}.$$

其中对任意的整数 m, $\Lambda^m = \mathrm{Diag}(\lambda_1^m, \cdots, \lambda_n^m)$. 如果特征值 $\{\lambda_i\}$ 全部是正的, 则 A 的有理次幂可以以相同的方式定义, 特别的是 $m = \dfrac{1}{2}$, $m = -\dfrac{1}{2}$.

1.5.2   奇异值分解

如果 A 是 $n \times p$ 的矩阵, 秩为 r, 则 A 可以写成

$$A = U \Lambda V^{\mathrm{T}},$$

其中 $\varLambda = \mathrm{Diag}(\lambda_1, \lambda_2, \cdots, \lambda_r)$, $\lambda_1 \geqslant \lambda_2 \geqslant \cdots \geqslant \lambda_r \geqslant 0$, U 是阶为 $n \times r$ 的正交矩阵, V 是阶为 $r \times r$ 的正交矩阵, 即 $U^{\mathrm{T}}U = V^{\mathrm{T}}V = I$. $\{\lambda_i\}$ 称为 A 的奇异值. 如果 U, V 写成各自的列向量的形式, $U = (u_1, \cdots, u_r)$, $V = (v_1, \cdots, v_r)$, 则 $\{u_i\}$ 称为 A 的左奇异向量, $\{v_i\}$ 称为右奇异向量. 此时, 矩阵 A 可以写成

$$A = \sum_{i=1}^{r} \lambda_i u_i v_i^{\mathrm{T}}.$$

可以证明 $\{\lambda_i^2\}$ 是对称矩阵 AA^{T} 的非零特征值, 同样也是 $A^{\mathrm{T}}A$ 的非零特征值. 向量 $\{u_i\}$ 是 AA^{T} 对应的正规化特征向量, 向量 v_i 是 $A^{\mathrm{T}}A$ 对应的正规化特征向量.

例子 令

$$A = \begin{pmatrix} 5 & 2 & 9 \\ 0 & 1 & 2 \\ 2 & 1 & 4 \\ -4 & 3 & 2 \end{pmatrix}.$$

A 的 SVD 为

$$A = \begin{pmatrix} 0.901 & 0.098 \\ 0.169 & -0.195 \\ 0.394 & 0.000 \\ 0.056 & -0.980 \end{pmatrix} \times \begin{pmatrix} 11.619 & 0 \\ 0 & 5.477 \end{pmatrix} \times \begin{pmatrix} 0.436 & 0.218 & 0.873 \\ 0.802 & -0.535 & -0.267 \end{pmatrix},$$

或者等价于

$$A = 11.619 \begin{pmatrix} 0.393 & 0.196 & 0.787 \\ 0.074 & 0.037 & 0.148 \\ 0.172 & 0.086 & 0.344 \\ 0.024 & 0.012 & 0.049 \end{pmatrix} + 5.477 \begin{pmatrix} 0.079 & -0.053 & -0.026 \\ -0.156 & 0.104 & 0.052 \\ 0.000 & 0.000 & 0.000 \\ -0.786 & 0.524 & 0.262 \end{pmatrix}.$$

如果奇异值中没有重数, 则 SVD 是唯一的. 如果有 k 个奇异值是相等的, 则 SVD 只有在由相应的左奇异向量和右奇异向量张成的子空间的任意旋转中是唯一的. Greenacre[57] 给出矩阵 SVD 的综述, 以及在统计中的应用.

矩阵 SVD 的用途是通过

$$\tilde{A}_{r^*} = \sum_{i=1}^{r^*} \lambda_i u_i v_i^{\mathrm{T}}$$

来近似秩 r 的矩阵 A. 其中, $r^* < r$. 实际上, A 的最小二乘近似是通过对于所有的秩为 r^* 或者更小的矩阵 X, 最小化

$$\sum_i \sum_j (a_{ij} - x_{ij})^2 = \mathrm{tr}\{(A - X)(A - X^{\mathrm{T}})\}$$

得到的. 这个经典结论源于 Eckart 和 Young[40].

例如, $r^* = 1$, A 的近似为

$$\tilde{A}_1 = \begin{pmatrix} 4.56 & 2.28 & 9.14 \\ 0.86 & 0.42 & 1.71 \\ 2.00 & 1.00 & 4.00 \\ 0.28 & 0.14 & 0.57 \end{pmatrix},$$

并且注意到 $\tilde{A}_1$ 的第二列和第三列近似是第一列的倍数. 当然, 这是我们期望的, 因为 $\tilde{A}_1$ 的秩为 1. 如果 A 看作三维空间中四个点的矩阵, 注意到其仅是代表的二维空间中的点, 因为 A 的秩为 2. 用一维空间去近似原始布局是将 $\tilde{A}_1$ 按顺序 4, 2, 3, 1 写出.

注意到奇异值分解中 U 是 $n \times n$ 矩阵, Λ 是 $n \times p$ 矩阵, V 是 $p \times p$ 矩阵. 这些矩阵与那些包含了多余的全是 0 元素的列或行的矩阵是相同的.

广义奇异值分解　记 Ω 是 $r \times r$ 矩阵, Φ 是 $p \times p$ 矩阵. 现假设加权欧氏距离用于由 A 的行和列张成的空间中. 则矩阵 A 的广义 SVD 为

$$A = U\Lambda V^{\mathrm{T}},$$

其中 $\Lambda = \mathrm{Diag}(\lambda_1, \lambda_2, \cdots, \lambda_r)$, $\lambda_1 \geqslant \lambda_2 \geqslant \cdots \geqslant \lambda_r \geqslant 0$ 是 A 的广义奇异值, U 是 $n \times r$ 矩阵, 且关于 Ω 正交, V 是 $p \times r$ 矩阵, 且关于 Φ 正交, 即 $U^{\mathrm{T}} \Omega U = V^{\mathrm{T}} \Phi V = I$.

令 $U = (r_1, \cdots, r_n)$, 和 $V = (c_1, \cdots, c_p)$. A 的近似为低秩矩阵 $\tilde{A}_{r*}$,

$$\tilde{A}_{r*} = \sum_{i=1}^{r^*} \lambda_i u_i v_i^{\mathrm{T}},$$

其中 $\tilde{A}_{r*}$ 是对所有秩小于等于 r^* 的矩阵 X 最小化

$$\mathrm{tr}\{\Omega(A - X)\Phi(A - X)^{\mathrm{T}}\}$$

得到的.

1.5.3　广义逆

考虑矩阵等式

$$AX = B,$$

其中 A 是 $n \times p$ 矩阵, X 是 $p \times n$ 矩阵, B 是 $n \times n$ 矩阵. 矩阵 X 使得平方和 $\mathrm{tr}(AX - B)^{\mathrm{T}}(AX - B)$ 最小, 且使得 $\mathrm{tr}(X^{\mathrm{T}}X)$ 最小, 所以给出了

$$X = A^+ B,$$

其中 A^+ 是 A 的唯一 $p \times n$ 的广义逆, 有下面的等式成立:

$$AA^+A = A,$$

$$A^+AA^+ = A^+,$$

$$(AA^+)^* = AA^+,$$

$$(A^+A)^* = A^+A,$$

A^* 是 A 的共轭转置. 细节见文献 [5].

第 2 章　经典多维标度方法

2.1　引　　言

设有 n 个物体, 它们之间的不相似性记为 δ_{rs}. 度量多维标度问题的目的是要在空间中找到一组点的集合, 每个点代表一个物体, 点之间的距离记为 $\{\delta_{rs}\}$, 满足 $d_{rs} \approx f(\delta_{rs})$. 其中 f 是含连续参数的单调函数, 可以是恒等函数, 也可以是设法将不相似性转换成距离的函数.

从数学角度描述, 记物体组成的集合为 O. 物体 r 与物体 s 之间的不相似性为 δ_{rs} $(r, s \in O)$. 令 $\phi : O \to E$ 为任意映射, 其中 E 通常为欧氏空间, 也可以是其他空间. 空间中一组点代表这些物体. 令 $\phi(r) = x_r$ $(r \in O, x_r \in E)$, $X = \{x_r, r \in O\}$ 是像集. 在 X 中, x_r 与 x_s 之间的距离为 d_{rs}. 现在的目的是找到 ϕ 使得对所有的 $r, s \in O$, 有 d_{rs} 近似等于 $f(\delta_{rs})$, 即 $d_{rs} \approx f(\delta_{rs})$.

本章主要讨论一种主要的度量标度方法 —— 经典标度 (classical scaling) 法.

2.2　经典标度方法

经典标度方法于 20 世纪 30 年代由 Young 和 Householder[139] 提出. 他们给出怎样由欧氏空间中点之间的距离矩阵得到点的坐标, 同时保持这些坐标代表的点之间的距离不变. Torgerson[130] 将该方法用于标度问题, 从而推广了该方法.

2.2.1　确定坐标

第 1 章提到了一个经典标度方法的应用. 根据城市间的公路交通时间, 得到英国城市的地图. 假设英国是一个二维欧氏平面, 我们以城市间的实际欧氏距离出发, 是否可确定每个城市的位置? 答案是可以, 但这些位置只能是相对位置. 因为任何一组点位置都可以通过平移、旋转和反射得到另一组点的位置. 由欧氏距离得到初始的欧氏坐标的方法是由 Schoenberg[112] 及 Young 和 Householder[139] 首次给出. 过程如下.

设 n 个点在一个 p 维欧氏空间中的坐标为 x_r $(r = 1, \cdots, n)$, $x_r = (x_{r1}, \cdots, x_{rp})^{\mathrm{T}}$. 第 r 个点与第 s 个点之间的欧氏距离由下式给出:

$$d_{rs}^2 = (x_r - x_s)^{\mathrm{T}}(x_r - x_s) \tag{2.2.1}$$

设内积矩阵为 B, 其中 $(B)_{rs} = b_{rs} = x_r^{\mathrm{T}} x_s$. 由已知的 $\{d_{rs}\}$ 可以得到 B, 再由 B 得到未知的坐标.

• 确定 B

首先, 为了克服因为变换的任意性带来的解的不确定性, 将点的布局中心放在原点. 因此,

$$\sum_{r=1}^{n} x_{ri} = 0, \quad i = 1, \cdots, p.$$

由 (2.2.1), 有

$$d_{rs}^2 = x_r^{\mathrm{T}} x_r + x_s^{\mathrm{T}} x_s - 2 x_r^{\mathrm{T}} x_s, \tag{2.2.2}$$

$$\frac{1}{n} \sum_{r=1}^{n} d_{rs}^2 = \frac{1}{n} \sum_{r=1}^{n} x_r^{\mathrm{T}} x_r + x_s^{\mathrm{T}} x_s,$$

$$\frac{1}{n} \sum_{s=1}^{n} d_{rs}^2 = x_r^{\mathrm{T}} x_r + \frac{1}{n} \sum_{s=1}^{n} x_s^{\mathrm{T}} x_s,$$

$$\frac{1}{n^2}\sum_{r=1}^{n}\sum_{s=1}^{n}d_{rs}^2 = \frac{2}{n}\sum_{r=1}^{n}x_r^{\mathrm{T}}x_r. \tag{2.2.3}$$

代入 (2.2.2) 得到

$$b_{rs} = x_r^{\mathrm{T}}x_s \tag{2.2.4}$$

$$= -\frac{1}{2}\left(d_{rs}^2 - \frac{1}{n}\sum_{r=1}^{n}d_{rs}^2 - \frac{1}{n}\sum_{s=1}^{n}d_{rs}^2 + \frac{1}{n^2}\sum_{r=1}^{n}\sum_{s=1}^{n}d_{rs}^2\right) \tag{2.2.5}$$

$$= a_{rs} - a_{r.} - a_{.s} + a_{..}, \tag{2.2.6}$$

其中,

$$a_{rs} = -\frac{1}{2}d_{rs}^2, \quad a_{r.} = n^{-1}\sum_{s}a_{rs}, \quad a_{.s} = n^{-1}\sum_{r}a_{rs}, \quad a_{..} = n^{-2}\sum_{r}\sum_{s}a_{rs}.$$

定义矩阵 A 为 $(A)_{rs} = a_{rs}$, 因此内积矩阵 B 为

$$B = HAH, \tag{2.2.7}$$

其中, H 是中心化矩阵

$$H = I - n^{-1}\mathbf{1}^{\mathrm{T}}\mathbf{1}, \quad \mathbf{1} = (1,\cdots,1)^{\mathrm{T}} \in R^n.$$

- **由矩阵 B 确定坐标**

内积矩阵 B 可以表达为

$$B = XX^{\mathrm{T}},$$

其中 $X = (x_1,\cdots,x_n)^{\mathrm{T}} \in R^{n\times p}$ 是坐标矩阵, 则

$$r(B) = r(XX^{\mathrm{T}}) = r(X) = p.$$

现在 B 是一个秩为 p 的对称半正定矩阵, 因此有 p 个非负特征值和 $(n-p)$ 个零特征值. 将 B 进行谱分解,

$$B = V\Lambda V^{\mathrm{T}},$$

其中, $\Lambda = \mathrm{Diag}(\lambda_1, \cdots, \lambda_n)$，$\lambda_i$ 是 B 的特征值, $V = (v_1, \cdots, v_n)$ 是特征向量组成的矩阵, 已标准化, $v_i^{\mathrm{T}} v_i = 1$. 方便起见, 记 B 的特征值为 $\lambda_1 \geqslant \lambda_2 \geqslant \cdots \geqslant \lambda_n \geqslant 0$.

因为有 $(n-p)$ 个特征值为零, 所以 B 重新记成

$$B = V_1 \Lambda_1 V_1^{\mathrm{T}},$$

其中,

$$\Lambda_1 = \mathrm{Diag}(\lambda_1, \cdots, \lambda_p), \quad V_1 = (v_1, \cdots, v_p).$$

因此, 由 $B = XX^{\mathrm{T}}$, 可得坐标 X 为

$$X = V_1 \Lambda_1^{\frac{1}{2}},$$

其中 $\Lambda_1^{\frac{1}{2}} = \mathrm{Diag}(\lambda_1^{\frac{1}{2}}, \cdots, \lambda_p^{\frac{1}{2}})$. 这样就由点之间的距离找到了点的坐标. 对于特征向量 v_i 的符号, 符号相反时对应了解关于原点的对称解.

因此, 得到如下经典多维标度算法 (classical multidimensional scaling, cMDS).

算法 2.2.1　cMDS

1. 计算 $D = (\delta_{ij}^2) \in \mathcal{S}^n$，及 $B = -\dfrac{1}{2} HDH$.

2. 对 B 进行谱分解

$$B = P\Lambda P^{\mathrm{T}}, \quad \Lambda = \mathrm{Diag}(\lambda_1, \cdots, \lambda_n),$$

$$\lambda_1 \geqslant \cdots \lambda_r > 0 \geqslant \lambda_{r+1} \geqslant \cdots \geqslant \lambda_n.$$

3. 计算点的坐标

$$X = V_1 \Lambda_1^{\frac{1}{2}}.$$

2.2.2 不相似性作为欧氏距离的情形

在实际应用中, 通常是根据不相似性集合 $\{\delta_{rs}\}$ 找到点的布局, 而不是根据 $\{d_{rs}\}$.

假设用不相似性 $\{\delta_{rs}\}$ 来定义矩阵 A, 然后如前所述, 双中心化产生 B. 一个有趣的问题是, 在什么情况下 B 做谱分解可以对应成欧氏空间中的一组点, 使得所有点 r 与 s 之间的距离 $d_{rs} = \delta_{rs}$? 回答是当 B 是秩为 p 的半正定矩阵时, 可以在一个 p 维欧氏空间中找到一个分布, 使得 $d_{rs} = \delta_{rs}$. 证明见文献 [34], [91].

根据 Mardia 等的结果, 如果 B 是秩为 p 的半正定矩阵, 则

$$B = V \Lambda V^{\mathrm{T}} = X X^{\mathrm{T}},$$

其中,

$$\Lambda = \mathrm{Diag}(\lambda_1, \cdots, \lambda_p), \quad X = (x_r)^{\mathrm{T}}, \quad x_r = \lambda_r^{\frac{1}{2}} v_r.$$

现在布局中第 r 个点和第 s 个点之间的距离由 $(x_r - x_s)^{\mathrm{T}}(x_r - x_s)$ 给出. 因此,

$$\begin{aligned}
(x_r - x_s)^{\mathrm{T}}(x_r - x_s) &= x_r^{\mathrm{T}} x_r + x_s^{\mathrm{T}} x_s - 2 x_r^{\mathrm{T}} x_s \\
&= b_{rr} + b_{ss} - 2 b_{rs} \\
&= a_{rr} + a_{ss} - 2 a_{rs} \\
&= -2 a_{rs} = \delta_{rs}^2.
\end{aligned}$$

第三个等号是将 b_{rs} 代入 (2.2.4) 得到. 这样得到欧氏空间中的 r 个点与第 s 个点的距离等于原来的不相似性 δ_{rs}.

反之, 若 B 由欧氏距离形成, 则半正定. 原因在于将 $d_{rs}^2 = (x_r -$

$x_s)^{\mathrm{T}}(x_r - x_s)$ 替换到 (2.2.4) 中时, 有

$$b_{rs} = (x_r - \hat{x})^{\mathrm{T}}(x_s - \hat{x}),$$

其中 $\hat{x} = n^{-1}\sum_r x_r$. 因此,

$$B = (HX)(HX)^{\mathrm{T}}.$$

可知 B 半正定.

即我们有如下定理.

定理 2.2.1 记 $D = (d_{ij}^2) \in \mathcal{S}^n$, 且有 $D_{ii} = 0$. 则 D 是一个欧氏距离阵当且仅当

$$-HDH \succeq 0.$$

接下来的问题是由半正定矩阵 B 得到一组点的布局时, 这些点的维数一般是多少? 显然, B 至少有 1 个零特征值, 因为 $B\mathbf{1} = HAH\mathbf{1} = \mathbf{0}$. 因此, 总可以在一个 $(n-1)$ 空间中找到一组点的布局, 使得该组点两两的距离为 $\{\delta_{rs}\}$.

若 B 不是半正定的, 则可以给每个 δ_{rs} $(r \neq s)$ 加一个常数使其半正定. 记新的不相似性为 $\{\delta'_{rs}\}$, $\delta'_{rs} = \delta_{rs} + c(1 - \delta^{rs})$, 其中 c 为适当的常数,

$$\delta^{rs} = \begin{cases} 1, & r = s, \\ 0, & \text{其他}. \end{cases}$$

这样得到的 $B = \{\delta'_{rs}\}$ 是对称半正定的 (当 c 恰当选取时). 当 B 半正定时, 则可以找到一个欧氏空间使得 $d_{rs} = \delta'_{rs}$.

2.3 实际中的经典多维标度问题

前面已经证明过, 可以找到一个至多 $(n-1)$ 维的欧氏空间使得空间中点之间的距离等于不相似性. 通常这一过程用的 B 是秩为 $(n-1)$ 的, 且欧氏空间的维数需要所有的 $(n-1)$ 维. 因此数据本身不能降维.

Gower 第一个明确提出经典标度的表达形式及其重要性. 找到布局的前 p 个主要坐标被他命名为主坐标分析 (compenent coordinate analysis, PCoA). PCoA 即为经典标度问题, 也被归类为度量标度问题, 但是度量标度不仅仅包含 PCoA.

得到点的布局可以在主成份意义下沿着主轴旋转. 即布局中的点向第一个主轴投影会得到最大的方差, 向第二个主轴投影也有可能得到最大的方差, 但前提是第二个轴必须与第一个轴正交. 如此继续下去, 因此仅选择 p $(p < n-1)$ 个轴来代表这个布局. 实际上, 这不需要额外的计算. 因为在找 X 时, 已经得到了这些是那个对于主轴的点. 不难发现,

$$X^{\mathrm{T}}X = (V_1 \Lambda_1^{\frac{1}{2}})^{\mathrm{T}}(V_1 \Lambda_1^{\frac{1}{2}}) = \Lambda_1^{\frac{1}{2}} V_1^{\mathrm{T}} V_1 \Lambda_1^{\frac{1}{2}} = \Lambda_1,$$

其中 Λ_1 为对角阵.

由此, 在矩阵 B 的谱分解中, 在 $(n-1)$ 维欧氏空间中点间距离为

$$d_{rs}^2 = \sum_{i=1}^{n-1} \lambda_i (x_{ri} - x_{si})^2.$$

因此, 若有许多特征值很小时, 对 d_{rs}^2 贡献可以忽略不计. 若只有 p 个显著非零的特征值, 则 x_r 截取前 p 个分量来表示原来的物体. 我们希望 p 尽可能小 (2 或者 3), 以方便画图表示.

当 $\{d_{rs}\}$ 是欧氏距离意义下时, 选择前 p 个柱坐标是最优的. 若 x_r^* 是 x_r 在 p' 维空间中的投影, $p' \leqslant p$, 对应的点间距离为 $\{d_{rs}^*\}$, 则 x_r^* 是

如下最优化问题的最优解:

$$\min_{x_1^*, \cdots, x_n^*} \sum_r \sum_s (d_{rs}^2 - (d_{rs}^*)^2).$$

对非欧氏距离的情形, 上述结论不成立. 但 Mardia[90] 给出了如下最优性条件. 对矩阵 $B = HAH$, 找一个半正定矩阵 $B^* = (b_{rs}^*)$, 其秩至多为 t, 使得如下目标达到最小,

$$\sum \sum (b_{rs} - b_{rs}^2) = \operatorname{tr}(B - B^*)^2. \tag{2.3.1}$$

令 $\lambda_1^* \geqslant \cdots \geqslant \lambda_n^*$ 是 B^* 的特征值, 根据秩约束, 至少有 $(n - t)$ 个为零. 则可以证明

$$\min \ \operatorname{tr}(B - B^*)^2 = \min \sum_{k=1}^{n} (\lambda_k - \lambda_k^*)^*,$$

其中, 最小值 λ_k^* 满足

$$\lambda_k^* = \begin{cases} \max(\lambda_k, 0), & k = 1, \cdots, t, \\ 0, & k = t + 1, \cdots, n. \end{cases}$$

因此, 若 B 的正特征值个数大于等于 t, 则由 B 得到的前 t 个正特征值对应的主坐标可用于投影. 若 B 的正特征值个数小于 t, 则由 B 得到的正特征值对应的主坐标可用于投影.

实际应用中, 若 B 不是半正定的, 要么通过加适当的常数来修正不相似性, 要么忽略负的特征值. 若负的特征值量级很小则丢掉; 若很大时, 有一部分人认为仍可用经典标度来降维. 注意到 (2.3.1) 实际上是如下带有秩约束的优化问题:

$$\begin{cases} \min_{B^* \in \mathcal{S}^n} & \|B - B^*\|^2 \\ \text{s.t.} & B^* \succeq 0, \\ & \operatorname{rank}(B) \leqslant p. \end{cases}$$

2.3.1 维数的选择

我们已经知道, 特征值 $\{\lambda_i\}$ 决定 $\{\delta_{rs}\}$ 的维数. 若 B 半正定, 则非零特征值的个数给出所需维数. 若 B 不是半正定, 则正特征值个数等于所需维数, 且是所要求空间的最大维数. 但考虑到实际应用情况, 所选空间的维数必须要很小. 因为这一过程找到的坐标需要参照它们的主坐标. 因此仅选取 B 的前 p (一般 $p = 2$ 或 3) 个特征值和特征向量, 便可给出点所在的一个低维空间.

由 (2.2.3), 全空间中点之间的距离平方求和如下:

$$\frac{1}{2} \sum_{r=1}^{n} \sum_{s=1}^{n=1} d_{rs}^2 = n \sum_{r=1}^{n} x_r^{\mathrm{T}} x_r = n \operatorname{tr}(B) = n \sum_{r=1}^{n-1} \lambda_i.$$

只用 p 维所能解释的方差占总方差的比例:

$$\frac{\displaystyle\sum_{i=1}^{p} \lambda_i}{\displaystyle\sum_{i=1}^{n-1} \lambda_i}.$$

若 B 非半正定, 则比例修正为

$$\frac{\displaystyle\sum_{i=1}^{p} \lambda_i}{\displaystyle\sum_{i=1}^{n-1} |\lambda_i|} \quad \text{或} \quad \frac{\displaystyle\sum_{i=1}^{p} \lambda_i}{\displaystyle\sum \text{正特征值}}.$$

p 可以根据这一比例来选取并由此来评价 p 选择得是否合适.

2.3.2 一个经典标度实用算法

综合上面讨论的内容, 我们总结得到如下经典标度的算法.

算法 2.3.1   经典标度算法

1. 获取不相似性数据 $\{\delta_{rs}\}$.

2. 找到矩阵 $A = \left(-\dfrac{1}{2}\delta_{rs}^2\right)$.

3. 计算矩阵 $B = HAH(H$ 同 (2.2.7)).

4. 计算 B 的特征值 $\lambda_1, \cdots, \lambda_{n-1}$ 与特征向量 $v_1, \cdots, v_{n-1}$, 其中特征向量是正交化的, $v_i^{\mathrm{T}} v_i = \lambda_i$. 若 B 不是半正定的, 则要么 (i) 忽略负特征值, 要么 (ii) 对每个 δ_{rs} 加常数 c, $\delta_{rs}' = \delta_{rs} + c(1 - \delta^{rs})$ (见 2.3.5 节), 转至 2.

5. 选择适当的维数 p. 可以选择 $\dfrac{\sum\limits_{i=1}^{p} \lambda_i}{\sum \text{正特征值}}$ 来评价.

6. p 维欧氏空间中 n 个点的坐标为 $x_{ri} = v_{ir}(r = 1, \cdots, n; i = 1, \cdots, p)$.

2.3.3   一个久远的例子

Cox 和 Cox[22] 给出了一个久远的例子如下. 在 1901—1902 年间《计量生物学杂志》($Biometric$) 的第一卷上, 有一篇颇有趣的文章, 考虑埃及古人类头盖骨的测量. 文章是由 Fawcett[45] 所著, 在 Alice Lee 及其他人包括 K. Pearson 及 G.U. Yule 的协助下完成. 该文章长 60 页, 讲述了在没有计算机及现代统计学方法的情况下, 当时的统计学家所面临的问题.

在那以前, 头盖骨学者在头盖骨测量方面几乎没有采用过统计学方法进行分析, 尽管已经收集到一些数据. 在 1894 年 K. Pearson 前往埃及探险时, 他请 Flinders Petrie 教授想办法找同一个种族人类的 100 个头盖骨. Petrie 教授经过努力找到了 400 个头盖骨, 连同其他骨骼一起送回至英国伦敦大学研究院. 这些头骨可以追溯到 8000 多年前, 来自于埃及上游的涅伽达民族的墓地. K. Pearson 被称为是第一个根据头骨的长度与宽度计算相关系数的人, 也是第一个研究现代德语、法语及涅伽达人头盖骨的人. 关于涅伽达人的第二个研究工作在 1895 年由 K. Pearson 的研究小组展开. 由于要手动计算大量的均值、方差、相关系数、偏斜度和峰度及概率密度拟合, 该工作延迟到 1901—1902 年才发表.

Fawcett 的工作介绍了测量头骨的方法, 由不同的测量仪器得到, 如头盖测量器、量角器, 以及一个斯彭格勒的指针 (Spengler's pointer). 总计采用了 48 种测量数据及指标, 该数据附在文章的后面[45]. 基于数据所做的统计分析以现在的标准看来都是基本的分析, 如计算均值、方差、相关系数等并将它们放在表格中比较. 当然并没有用到假设检验、置信区间, 更不用提多元统计分析方法如聚类分析、主成分分析、判别分析等.

在这里我们不讨论 K. Pearson 小组得到的结果, 一方面是因为结果很长, 另一方面是对结果感兴趣的主要是头盖骨学者. 但有一点值得一提, 该工作指出, 除了性别, 研究小组没有办法对其他 47 个变量进行作图表示. 他们选了这些变量中的 12 个, 画出了 24 个柱状图, 并拟合了密度函数. 所有的计算及作图都花费了相当可观的时间. 这些变量如下: (i) 最大长度 L, (ii) 宽度 B, (iii) 高度 H, (iv) 耳廓高度 OL, (v) 眉毛上沿边的周长 U, (vi) 径向周长 S, (vii) 交叉周长 Q, (viii) 上半边脸的高度 $G'H$, (ix) 鼻骨宽度 NB, (x) 鼻骨高度 NH, (xi) 头骨横竖指数 B/L, (xii) 高度与长度比值 H/L.

这 12 个变量首先标准化, 使其均值为 0, 方差为 1, 然后利用欧氏距离阵在经典标度条件下计算头盖骨之间的不相似性.

表 2.3.1 给出了 B 的 5 个主要特征值和特征向量. 一个二维布局在图 2.3.1 中画出. 其中男性和女性分别用 M 及 F 标记. 为了更加清楚地表示, 男性与女性的图分别在图 2.3.2 及图 2.3.3 中.

表 2.3.1　B 的前 5 个特征值及特征向量给出头骨数据的主坐标

特征值	特征向量							
$\lambda_1 = 11.47$	$(-1.16,$	$-0.19,$	$-0.07,$	$0.56,$	$1.01,$	$-0.49,$	$-0.71,$	$-0.82,$
	$-0.42,$	$-0.15,$	$0.26,$	$-0.30,$	$0.40,$	$-1.13,$	$0.02,$	$-0.88,$
	$0.45,$	$0.00,$	$0.11,$	$-0.53,$	$0.79,$	$-0.32,$	$0.37,$	$-0.08,$
	$0.09,$	$1.00,$	$-0.41,$	$0.09,$	$0.47,$	$0.00,$	$-0.01,$	$-0.08,$
	$0.60,$	$0.05,$	$0.60,$	$0.45,$	$-0.23,$	$-0.07,$	$-0.24,$	$0.98\,)$
$\lambda_2 = 4.98$	$(0.11,$	$-0.42,$	$0.21,$	$-0.79,$	$-0.14,$	$-0.70,$	$-0.26,$	$0.32,$
	$-0.03,$	$-0.14,$	$0.00,$	$0.24,$	$0.14,$	$0.27,$	$-0.64,$	$0.47,$
	$-0.51,$	$-0.07,$	$0.36,$	$-0.36,$	$0.31,$	$0.05,$	$0.28,$	$-0.04,$
	$0.38,$	$-0.40,$	$-0.33,$	$0.83,$	$-0.19,$	$-0.12,$	$-0.01,$	$-0.03,$
	$0.26,$	$0.20,$	$0.22,$	$0.55,$	$0.16,$	$0.37,$	$0.40,$	$0.07\,)$
$\lambda_3 = 4.56$	$(-0.12,$	$0.15,$	$-0.61,$	$-0.10,$	$-0.31,$	$-0.07,$	$-0.21,$	$0.33,$
	$-0.68,$	$-0.01,$	$0.36,$	$0.56,$	$-0.26,$	$0.07,$	$-0.30,$	$-0.16,$
	$-0.08,$	$-0.02,$	$-0.18,$	$-0.30,$	$-0.50,$	$-0.69,$	$-0.07,$	$0.06,$
	$0.65,$	$0.34,$	$0.36,$	$-0.25,$	$0.64,$	$0.49,$	$0.18,$	$0.30,$
	$-0.09,$	$-0.02,$	$0.26,$	$-0.20,$	$0.27,$	$0.45,$	$-0.05,$	$-0.19\,)$
$\lambda_4 = 2.55$	$(0.16,$	$0.04,$	$-0.12,$	$-0.12,$	$0.24,$	$0.15,$	$0.04,$	$0.20,$
	$0.25,$	$-0.16,$	$-0.33,$	$0.39,$	$0.48,$	$-0.20,$	$-0.36,$	$-0.07,$
	$0.22,$	$0.53,$	$-0.18,$	$0.02,$	$0.29,$	$-0.55,$	$0.35,$	$-0.15,$
	$-0.32,$	$-0.19,$	$0.14,$	$0.10,$	$0.09,$	$-0.27,$	$0.24,$	$-0.05,$
	$0.12,$	$-0.09,$	$0.02,$	$-0.15,$	$-0.24,$	$0.17,$	$-0.29,$	$-0.44\,)$
$\lambda_5 = 1.73$	$(-0.03,$	$-0.09,$	$0.23,$	$0.13,$	$0.07,$	$-0.29,$	$-0.11,$	$0.43,$
	$-0.08,$	$-0.16,$	$-0.04,$	$-0.32,$	$-0.18,$	$0.19,$	$-0.37,$	$-0.26,$
	$0.32,$	$0.12,$	$0.17,$	$0.24,$	$-0.20,$	$-0.14,$	$0.11,$	$0.42,$
	$0.15,$	$-0.20,$	$0.05,$	$0.16,$	$0.06,$	$0.04,$	$-0.25,$	$-0.22,$
	$0.40,$	$0.16,$	$-0.25,$	$-0.10,$	$0.09,$	$-0.13,$	$-0.10,$	$0.01\,)$

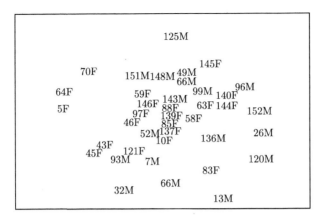

图 2.3.1 头骨数据的经典标度

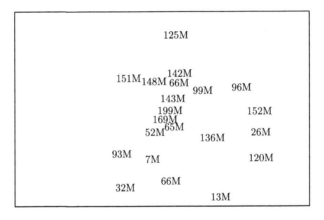

图 2.3.2 女性

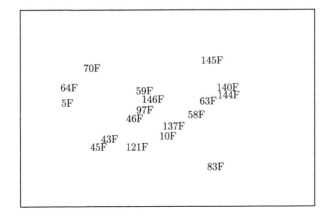

图 2.3.3 男性

最令人吃惊的是男性的侧重于右边, 女性侧重于左边. 男性 {99M, 96M, 152M, 26M, 120M, 136M, 66M, 13M} 位于最右边, 看起来比其他人有更大的均值. 而三个女性 {70F, 64F, 5F} 位于更左边, 她们的均值比其他女性小得多. 在布局中, 头盖骨的大小似乎能够解释布局的水平分布.

对于布局的维数选择, 对于 1, 2, 3, 4, 5 维来说, 所能解释的方差比例 $\left(\dfrac{\sum\limits_{i=1}^{p}\lambda_i}{\sum\limits_{i=1}^{n}\lambda_i}\right)$ 分别是 42%, 61%, 78%, 87%, 93%. 因此三维的图在解释力上一定程度上会大于二维.

当然, 经典标度分析不是分析数据的唯一方法. 聚类分析、判别分析及主成分分析都是分析数据的工具. 主成分分析也可用来分析这组数据, 但得到的头盖骨布局与图 2.3.1—图 2.3.3 完全相同. 这是因为在选择欧氏距离作为度量时, 经典标度分析和主成分分析是等价的. 这将在下一节中讲述.

2.3.4　经典多维标度分析和主成分分析

设 $X \in R^{n \times p}$ 是一个数据矩阵, 其样本协方差矩阵为 $S = (n-1)^{-1} \cdot X^{\mathrm{T}}X$, 假设数据已均值化, 即均值为零. 主成分由 B 的特征值 $\{\mu_i : i = 1, \cdots, p\}$ 和特征向量 $\{\xi_i : i = 1, \cdots, p\}$ 得到. 第 i 个主成分 $y_i = \xi_i^{\mathrm{T}}X, i = 1, \cdots, p$, 如参见文献 [91], [119].

另一方面, 设用欧氏距离得到 X 的 n 个点两两之间的不相似性,

$$\delta_{rs}^2 = (x_r - x_s)^{\mathrm{T}}(x_r - x_s),$$

因此, 不相似性满足经典标度关系 $b_{rs} = x_r^{\mathrm{T}}x_s$, $B = X^{\mathrm{T}}X$. 记 B 的特征

值和特征向量分别为 $\lambda_i, v_i, i = 1, \cdots, n$.

显然, $X^{\mathrm{T}}X$ 与 XX^{T} 特征值相同, 并且有额外 $(n - p)$ 个零特征值. 设 v_i 是 XX^{T} 的非零特征值对应的特征向量, 因此, $XX^{\mathrm{T}}v_i = \lambda_i v_i$. 两边同乘 X^{T},

$$(X^{\mathrm{T}}X)(X^{\mathrm{T}}v_i) = \lambda_i(X^{\mathrm{T}}v_i).$$

同时, $\dfrac{1}{n-1}X^{\mathrm{T}}X\xi_i = \mu_i\xi_i$, 因此 $\mu_i = \lambda_i$, 特征向量关系为 $\xi_i = X^{\mathrm{T}}v_i$. 所以, 主成分分析与由欧氏距离给出的不相似性得到的 PCO(主坐标分析) 之间有一个对应. 事实上, n 个物体由 PCO 在 p' 维空间得到的坐标就是前 p' 个主成分. 注意到 $\xi_i^{\mathrm{T}}\xi_i = v_i^{\mathrm{T}}XX^{\mathrm{T}}v_i = \lambda_i$.

正交化 ξ_i, 前 p' 个分量由下式给出,

$$X(\lambda_1^{-1/2}\xi_1, \cdots, \lambda_{p'}^{-1/2}\xi_{p'})$$
$$= X(\lambda_1^{-1/2}X^{\mathrm{T}}v_1, \cdots, \lambda_{p'}^{-1/2}X^{\mathrm{T}}v_{p'}) = (\lambda_1^{1/2}v_1, \cdots, \lambda_{p'}^{1/2}v_{p'}).$$

变量的最优变换

至此, 包含物体或个体的点是 PCO 空间, 它是 X 的列张成的 p 维空间的一个子空间. 现在我们转换一下符号的含义. 用 X 表示物体或个体所在的欧氏空间中的坐标阵, Z 为数据阵, 即: $X \in R^{n \times p'}$, $Z \in R^{p \times n}$, 因此对应空间也相应发生变化.

Meulman[95] 考虑 Z 中变量的最优变换. 由 (2.3.1), PCO 可看作寻找 X, 使得损失函数

$$\mathrm{tr}(ZZ^{\mathrm{T}} - XX^{\mathrm{T}})^{\mathrm{T}}(ZZ^{\mathrm{T}} - XX^{\mathrm{T}}) \qquad (2.3.2)$$

关于 X 达到最小 (注意 Z 已均值化). (2.3.2) 叫做 STRAIN, 即求解如下优化问题:

$$\min_{X \in R^{m \times n}} \mathrm{STRAIN} = \|ZZ^{\mathrm{T}} - XX^{\mathrm{T}}\|_F^2.$$

根据 Meulman 的考虑, 将 X 转换成 $Q = (q_i), q_i \in \Gamma$, 其中 Γ 是变换的集, 如样条变换. 将 q 的均值设为 0, $\mathbf{1}^T q = 0$, 正交化使得 $q_i^T q_i = 1$.

关于 Q, X 最小化如下损失函数:

$$\mathrm{STRAINA}(Q; X) = \mathrm{tr}(QQ^T - XX^T)^T(QQ^T - XX^T),$$

即求解如下优化问题:

$$\min_{Q,X} \mathrm{STRAINA}(Q; X) = \|QQ^T - XX^T\|_F^2.$$

Meulman 建议用交替最小二乘法, 即固定 Q 时关于 X 求最小值, 再固定 X 关于 Q 求最小值. 最小化过程中如上两步交替进行. 关于 Q 的最小化很简单, 可用 PCO 分解直接得到. 关于 X 的最小化更难, 建议用迭代的优超算法 (见第 3 章).

2.3.5 增加常数问题

第 1 章讨论了不相似性的多种度量及欧氏度量的性质. 这里考虑一个问题, 即增加常数问题. 该问题有两种表述形式. 第一种是给不相似性矩阵 (δ_{rs}) 的对角线之外的不相似性加适当的常数, 使 B 半正定. 这意味着在一个欧氏空间中存在一个点的布局, 且在这个欧氏空间中两点之间的距离等于新的不相似性. 这个问题很早就有人研究, 如文献 [94].

第二种表述与实际联系更密切. 若不相似性是一个比例的测度, 则存在一个由不相似性到欧氏距离的对应. 但若不相似性是在一个区间上测的, 且原点不含在区间里, 则这样的对应不存在, 且有可能需要极小化布局所在的空间的维数. 在本章中仅考虑第一种表述.

若给 (δ_{rs}^2) 加常数, 此时 $\delta_{rs}^{2\,(c)} = \delta_{rs}^2 + c(1 - \delta^{rs})$, 则问题变得很简单. 使 B 半正定的最小常数 $c = -2\lambda_n > 0$, 其中 $\lambda_n \leqslant 0$ 是 B 的最小特征

值 (参见如文献 [87]).

给 δ_{rs} 加常数的解是 Cailliez[15] 给出的, 过程如下.

要找到最小的 c^* 使得对任意的 $c \geqslant c^*$,

$$\delta_{rs}^c = \delta_{rs} + c(1 - \delta^{rs}) \tag{2.3.3}$$

有一个欧氏表示, 即得到的 B 半正定. 令 $B_0(\delta_{rs}^2)$ 是将 $A = \left(-\dfrac{1}{2}\delta_{rs}^2\right)$ 双中心化得到的矩阵, 在 (2.3.3) 中用 δ_{rs}^c 替代 δ_{rs}, 得到

$$B_c(\delta_{rs}^2) = B_0(\delta_{rs}^2) + 2cB_0(\delta_{rs}) + \frac{1}{2}c^2 H.$$

注意到 $B_0(\delta_{rs})$ 与 $B_0(\delta_{rs}^2)$ 表达的意义相同, 不过一个基于 δ_{rs}, 一个基于 δ_{rs}^2.

现来证明存在一个 c^* 使得对任意的 $c \geqslant c^*, \{\delta_{rs}^c\}$ 都有一个欧氏表示. $B_c(\delta_{rs}^2)$ 半正定, 即要使得对任意的 x, 有 $x^\mathrm{T} B_c(\delta_{rs}^2)x \geqslant 0$.

$$x^\mathrm{T} B_c(\delta_{rs}^2)x = x^\mathrm{T} B_0(\delta_{rs}^2)x + 2cx^\mathrm{T} B_c(\delta_{rs})x + \frac{1}{2}c^2 x^\mathrm{T} Hx,$$

对任意的 x, $x^\mathrm{T} B_c(\delta_{rs}^2)x$ 是凸抛物线. 因此, 对任意 x 对应一个数 $\alpha(x)$, 若 $c \geqslant \alpha(x)$, 则

$$x^\mathrm{T} B_c(\delta_{rs}^2)x \geqslant 0.$$

因为 $B_0(\delta_{rs}^2)$ 不是半正定的, 则至少有一个 x 使得 $x^\mathrm{T} B_0(\delta_{rs}^2)x < 0, \alpha(x) > 0$. 因此, $c^* = \sup_x \alpha(x) = \alpha(x^*)$ 是正的, 且满足

$$x^\mathrm{T} B_c(\delta_{rs}^2)x \geqslant 0, \quad \forall x, c \geqslant c^*$$

及

$$x^{*\mathrm{T}} B_{c^*}(\delta_{rs}^2)x^* = 0.$$

因此, 对任意 $c \geqslant c^*$, $\{\delta_{rs}^c\}$ 有一个欧氏表示, 且当 $c = c^*$ 时, 需要一个至多 $(n-2)$ 维的空间.

Cailliez 进一步发现了真实的值 c^*. 他证明了 c^* 由下面的矩阵的最大特征值给出,

$$\begin{pmatrix} 0 & 2B_0(\delta_{rs}^2) \\ -I & -4B_0(\delta_{rs}) \end{pmatrix} \tag{2.3.4}$$

Cailliez 也证明了可以在原来不相似性的基础上加一个负常数, 使得

$$\delta_{rs}^c = |\delta_{rs} + c(1 - \delta_{rs})|$$

具有一个欧氏表示, 其中 $c < c'$. c' 的值是 (2.3.4) 中矩阵的最小特征值. 当时, Messick 和 Abelson[94] 考虑了 (2.3.3) 中 c 的取值对于特征值和特征向量的影响. 他们发现, 对于一个真解, 将有几个大特征值, 余下的都是 0 或者非常接近 0. 在实际中, 往往并不是如此. 他们通过将最小的 $(n-p)$ 个特征值的平均值置零的方法确定 c 的值. 最大的 p 个特征值则用来定义欧氏空间. 然而, 在有大的负特征值时仍然会出现问题. Cooper[20] 加入了一个误差项 (discrepency) η_{rs}, 从而得到一个新的不相似性:

$$\delta_{rs}^c = \delta_{rs} + c(1 - \delta_{rs}) + \eta_{rs}.$$

给定维数时, 通过求解

$$\min G = \frac{1}{2} \sum_r \sum_s \eta_{rs}^2$$

得到 c. 求解最小值的过程通过 Fletcher-Powell 方法实现. 所需的维数通过拟和优度指数 FIT(fitness) 来评价,

$$\mathrm{FIT} = 1 - \frac{\sum \eta_{rs}^2}{\sum (\delta_{rs}^c - \delta_{..}^c)^2}.$$

对于一个完美的解, FIT = 1. 为了评估所需维数, 可以画出 FIT 关于 p 的图像. 当再增加 p 没有带来 FIT 的显著变化时, 此时的 p 值即为所需维数.

Saito[107] 引入了一个 FIT 指数 $P(c)$, 定义为

$$P(c) = \frac{\sum\limits_{i=1}^{p} \lambda_i^2(c)}{\sum\limits_{i=1}^{n} \lambda_i^2(c)},$$

其中 λ_i 是 $B_c(\delta_{rs}^2)$ 的第 i 个特征值. c 的取值是 $\max P(c)$ 的最优解, 可以用梯度法求极大值.

Benasseni[8] 考虑了仅在不相似性平方的部分元素上增加常数. 原因在于对所有元素加同一常数, 可能会导致大的偏差. 设 n 个物体分成两组 G_1, G_2, 每组有 g_1, g_2 个物体, $g_1 + g_2 = n$. 为方便起见, 将 G_1 中的物体记为 $1, \cdots, g_1$, G_2 中的物体即为 $g_1 + 1, \cdots, g_1 + g_2 = n$. 假设组内的不相似性是可以欧氏表示的, 并不需加常数. 组间的不相似性假设被低估或高估了 c 的量, 则将 c 增加到组间的 δ_{rs}^2 上,

$$\delta_{rs}^2(c) = \begin{cases} \delta_{rs}^2, & r, s \in G_1 \text{ 或 } r, s \in G_2, \\ \delta_{rs}^2 + c(1 - \delta^{rs}), & r \in G_1, s \in G_2. \end{cases}$$

Benasseni 还证明了

$$B_c(\delta_{rs}^2) = B_0(\delta_{rs}^2) + \frac{c}{n^2} A,$$

其中,

$$A = (g_2 x - g_1 y)(g_2 x - g_1 y)^{\mathrm{T}}, \quad x^{\mathrm{T}} = (1, \cdots, 1, 0, \cdots, 0).$$

前 g_1 个分量为 1, 后 g_2 个分量为 0,

$$y^{\mathrm{T}} = (0, \cdots, 0, 1, \cdots, 1),$$

前 g_1 个分量为 0, 后 g_2 个分量为 1. 若 B_0 仅有一个负特征值 λ_n, 则 c 为

$$c = \frac{\lambda_n}{f\left(\displaystyle\sum_{r \in G_1} u_{nr}\right)},$$

其中,

$$f(t) = t^2 - |t|(g_1 g_2 n^{-1} - t^2)^{1/2},$$

$u_n = (u_{n1}, \cdots, u_{nn})$ 是对应于特征值 λ_n 的特征向量. 对于一个解来说, 还需满足特征值和特征向量的其他条件.

若分组情况并不知道, Benasseni 建议查看满足 $f\left(\displaystyle\sum_{r \in G_1} u_{nr}\right) > 0$ 的所有可能分组, 且选择 G_1, G_2 使得 c 值最小. 这个在求 $\left|\displaystyle\sum_{r \in G_1} u_{nr}\right|$ 最大时尤其有用.

若在 B_0 中有 m 个负特征值, 则 B_c 可通过连续 m 次非负修正使得 B_c 正定. 每次修正是在不同的 G_1, G_2 及 c 上做. Benasseni 又考虑了在一个分组 G_1 内增加常数 c, 但另一组不加的情况, 更多细节可参见文献 [8].

2.4 稳　健　性

Sibson[119] 研究了扰动矩阵 B 时, 对矩阵 B 的特征值、特征向量的影响以及因此对坐标矩阵 X 的影响. 对很小的 ϵ, 矩阵 B 被扰动后变为

$B(\epsilon)$, 其中,

$$B(\epsilon) = B + \epsilon C + \frac{1}{2}\epsilon^2 D + O(\epsilon^3),$$

其中 C, D 是对称阵. B 扰动后导致特征值 λ_i 与特征向量 v_i 的变化:

$$\lambda_i(\epsilon) = \lambda_i + \epsilon\mu_i + \frac{1}{2}\epsilon^2 v_i + O(\epsilon^3),$$

$$v_i(\epsilon) = v_i + \epsilon f_i + \frac{1}{2}\epsilon^2 g_i + O(\epsilon^3).$$

Sibson 证明了

$$\mu_i = v_i^{\mathrm{T}} C v_i, \quad f_i = -(B - \lambda_i I)^{\mathrm{T}} C v_i,$$

$$v_i = v_i^{\mathrm{T}}(D - 2C(B - \lambda_i I)^+ C)v_i,$$

其中 $M^+ = \sum \lambda_i^{-1} v_i^{\mathrm{T}} v_i$.

若不扰动 B, 而是将平方距离矩阵 D 扰动变为 $D(\epsilon)$,

$$D(\epsilon) = D + \epsilon F + O(\epsilon^2),$$

其中 F 是对角线为 0 的对称矩阵. 则 λ_i 与 v_i 变化如下:

$$\lambda_i(\epsilon) = \lambda_i + \epsilon\mu_i + O(\epsilon^2),$$

$$v_i(\epsilon) = v_i + \epsilon f_i + O(\epsilon^2),$$

其中,

$$\mu_i = -\frac{1}{2}v_i^{\mathrm{T}} F v_i, \quad f_i = \frac{1}{2}(B - \lambda_i I)^{\mathrm{T}} F v_i + \frac{1}{2}(\lambda_i n)^{-1}(\mathbf{1}^{\mathrm{T}} F v_i)\mathbf{1}.$$

矩阵 F 可用来研究不同形式的扰动. 距离的随机误差可以通过赋予 F 一个分布进行建模, 并由此可考虑对 μ_i 及 d_{rs}, f_i 带来的影响.

第3章 度量最小二乘标度方法

3.1 引 言

度量最小二乘标度方法 (metric least squares scaling) 是通过最小化损失函数 S 来寻找一个将 d_{rs} 与 δ_{rs} 匹配的布局及一个关于不相似性的连续单调的变换 $f(\delta_{rs})$. 布局 $\{x_{ri}\}$ 在一个 p 维空间中找到, 但一般 $p = 2$. 早期的文献参见 [10], [18], [108], [124].

Sammon[108] 提出损失函数:

$$S = \frac{\displaystyle\sum_{r<s} \delta_{rs}^{-1}(d_{rs} - \delta_{rs})^2}{\displaystyle\sum_{r<s} \delta_{rs}}, \tag{3.1.1}$$

其中 d_{rs} 为 r 与 s 的欧氏距离. S 的分子中, $(d_{rs} - \delta_{rs})^2$ 的权值是 δ_{rs}^{-1}. 因此, 较小的不相似性有较大的权值. 分母 $\sum_{r<s} \delta_{rs}$ 是归一化项, 使得 S 与 δ_{rs} 的数量级无关.

由于 $d_{rs}^2 = \sum_{i=1}^{p}(x_{ri} - x_{si})^2$, 因此,

$$\frac{\partial d_{rs}}{\partial x_{tk}} = \frac{1}{d_{rs}}(x_{rk} - x_{sk})(\delta^{rt} - \delta^{st}).$$

S 关于 x_{tk} 求导得到

$$\frac{\partial S}{\partial x_{tk}} = \left(\frac{1}{\displaystyle\sum_{r<s}\delta_{rs}}\right)\sum_{r<s}\frac{2(d_{rs}-\delta_{rs})}{\delta_{rs}}\frac{1}{d_{rs}}(x_{rk}-x_{sk})(\delta^{rt}-\delta^{st})$$

$$= \left(\frac{2}{\displaystyle\sum_{r<s}\delta_{rs}}\right)\sum_{r=1}^{n}\frac{(d_{rt}-\delta_{rt})}{\delta_{rt}d_{rt}}(x_{rk}-x_{sk}).$$

可用数值方法求解下面的方程组

$$\frac{\partial S}{\partial x_{tk}} = 0, \quad t=1,\cdots,n; k=1,\cdots,p.$$

Simmon 用最速下降法, 若 x_{rk}^m 是最小化 S 的第 m 步迭代, 则

$$x_{rk}^{m+1} = x_{rk}^m - \mathrm{MF}\frac{\dfrac{\partial S}{\partial x_{tk}}}{\left|\dfrac{\partial^2 S}{\partial x_{tk}^2}\right|},$$

其中 MF 一般取 0.3 或 0.4, 称为 Sammon 的魔力因子, 用来加速收敛性.
Chang 和 Lee[18] 用启发式松弛加速收敛到最小值. Niemann 和 Weiss[98]
用一个最优步长代替 MF. 对于现代计算机来说, 收敛速度通常不是问
题. 得到的布局有时称为 Sammon 图. 最近的两个应用是蛋白质编码及
映射[3], 以及在神经网络上的应用[81].

1. 头骨的最小二乘标度

图 3.1.1 是 2.3 节中的头骨数据的最小二乘度量得到的图. 采用的
损失函数 S 如 (3.1.1) 中定义. 由此得到的布局与经典标度方法具有一
定的一致性.

许多人也考虑了其他的损失函数. 如 Shepard 和 Carroll[117] 和
Calvert[17] 使用

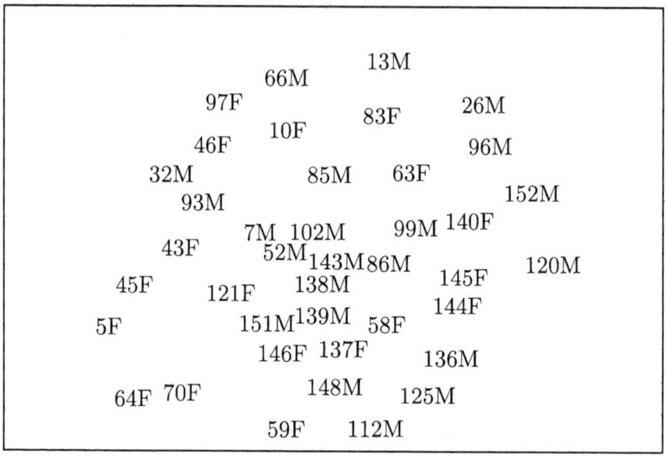

图 3.1.1   头骨数据的最小二乘标度

$$S = \frac{\sum \dfrac{\delta_{rs}^2}{d_{rs}^2}}{\sum \dfrac{1}{d_{rs}^2}}.$$

Niemann 和 Weiss[98] 用

$$S = \frac{\displaystyle\sum_{r<s} \delta_{rs}^q (d_{rs} - \delta_{rs})^2}{\displaystyle\sum_{r<s} d_{rs}^2}.$$

Siedlecki 等[120] 总结了画图中用到的一些 MDS 的技术, 他们考虑了判别分析、主成分分析、最小二乘标度及投影技术, 并用于不同的数据集. 在找到布局之前, 不相似性可以用连续单调变换 f 进行变换, 其中 ω_{rs} 为适当的权值, 损失函数可以写成

$$S = \frac{\displaystyle\sum_{r<s} \omega_{rs} (d_{rs} - f(\delta_{rs}))^2}{\displaystyle\sum_{r<s} d_{rs}^2}.$$

2. 最小绝对残差

Heiser[63] 提出最小化损失函数 LAR,

$$\text{LAR} = \sum_{r<s} \omega_{rs}|d_{rs} - \delta_{rs}|,$$

其中 ω_{rs} 为权重. LAR 受异常值的影响没有平方差损失函数那么大. Heiser 在最小化 LAR 时采用优超算法.

Klein 和 Dubes[75] 用的损失函数为

$$S = \frac{1}{\sqrt{\sum \delta_{rs}}} \sum \frac{|d_{rs} - \delta_{rs}|}{\delta_{rs}},$$

并用模拟退火算法求解 S 的极小化问题. 该方法的优点在于它可以寻找 S 的全局最小值点, 避免了局部极小值点. 退火算法用马尔可夫链, 其中 S 的最小值点对应了马尔可夫链的稳定点. 通过模拟马尔可夫链的运行, 直到达到稳定状态. 在此过程, 最速下降法的目标是使 S 在每一步都下降. 而模拟退火匀速 S 上升, 这样可以绕开局部极小值. 更多细节可参见文献 [75].

3.2 SMACOF

作为求解最小化 SSTRESS(squrared STRESS) 函数的交替最小二乘法的一种选择, de Leeuw[29] 首先提出一种基于优超函数的算法. 该方法在文献 [30]—[33], [59], [64] 中被进一步提炼和探讨, 直到现在的代号 SMACOF(scaling by majorizing a complicated function), 它表示通过优超一个复杂函数的标度方法. 在介绍 SMACOF 前, 先简要介绍优超算法, 下面内容大部分来自文献 [59].

优超算法试图通过用一个可处理的辅助函数 $g(x, y)$ 来极小化一个复杂函数 $f(x)$. 辅助函数的选择需满足如下条件:

(1) 对每个 f 的定义域中的 x, 有

$$f(x) \leqslant g(x, y),$$

其中 y 位于 g 的定义域中;

(2) 有

$$f(y) = g(y, y).$$

因此对于 f 和 g 的图, 函数 g 总是位于函数 f 的上方, 而且 g 和 f 在 $x = y$ 处碰到. 因此函数 g 实际上是 f 的一个优超函数. 这就会得到一个极小化 f 的迭代策略. 首先, 极小化过程从某个初始点 x_0 开始, 由此定义了一个合适的优超函数 $g(x, x_0)$, 对该函数极小化, 假设得到极小值点, 记为 x_1, 由此 x_1 又定义了一个优超函数 $g(x, x_1)$, 由此又可极小化得到极小值点 x_2, 如此进行下去, 直到收敛.

例子 作为优超算法的例子, 考虑极小化函数 f, 定义为

$$f : [-1.5, 2.0] \to R$$
$$f : x \mapsto 6 + 3x + 10x^2 - 2x^4.$$

这个函数的图见图 3.2.1 中的实线. 优超函数 g 选为

$$g : \mapsto 6 + 3x + 10x^2 - 8xy^2 + 6y^4.$$

算法初始值设为 $x_0 = 1.4$, 即

$$g(x, 1.4) = 29.0496 - 18.952x + 10x^2,$$

见图 3.2.1 中的短虚线. 该二次函数最小值很容易得到, 为 0.948, 因此 $x_1 = 0.948$. 在下一个迭代点处优超函数为

$$g(x, 0.948) = 10.8460 - 3.7942x + 10x^2.$$

该函数的图如图 3.2.1 中长虚线所示. 由此得到 x_2, 如此进行直至收敛到 f 的极小值点.

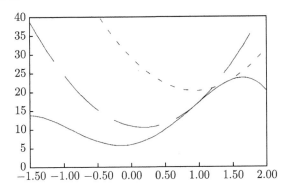

图 3.2.1   最小化函数 $f(x) = 6 + 3x + 10x^2 - 2x^4$ 利用优超函数

$$g(x, y) = 6 + 3x + 10x^2 - 8xy^3 + 6y^4$$

实线, f; 短虚线, $g(x, 1.4)$; 长虚线, $g(x, 0.948)$

对度量 MDS, 考虑损失函数 (又称压力函数)

$$S = \sum_{r<s} w_{rs}(\delta_{rs} - d_{rs})^2, \tag{3.2.1}$$

其中 $\{w_{rs}\}$ 为权重, $\{\delta_{rs}\}$ 为不相似性, $\{d_{rs}\}$ 是由坐标 X 计算的欧氏距离. 根据 Groenen[59],

$$S = \sum_{r<s} w_{rs}\delta_{rs}^2 + \sum_{r<s} w_{rs}d_{rs}^2(X) - 2\sum_{r<s} w_{rs}\delta_{rs}d_{rs}(X)$$

$$= \eta_\delta^2 + \eta^2(X) - 2\rho(X).$$

压力函数 S 可写为矩阵形式, 首先,

$$\eta^2(X) = \sum_{r<s} w_{rs}(x_r - x_s)^{\mathrm{T}}(x_r - x_s) = \mathrm{tr}(X^{\mathrm{T}}VX),$$

其中,

$$(V)_{rr} = \sum_{r \neq s} w_{rs} \quad (V)_{rs} = -w_{rs}, \quad r \neq s.$$

随后,

$$\rho(X) = \sum_{r<s} \frac{w_{rs}\delta_{rs}}{d_{rs}} d_{rs}^2$$

$$= \sum_{r<s} \frac{w_{rs}\delta_{rs}}{d_{rs}} (x_r - x_s)^{\mathrm{T}}(x_r - x_s)$$

$$= \mathrm{tr}(X^{\mathrm{T}}B(X)X),$$

其中,

$$(B(X))_{rs} = \begin{cases} w_{rs}\delta_{rs}/d_{rs}(X), & d_{rs}(X) \neq 0, \\ 0, & d_{rs}(X) = 0. \end{cases}$$

则压力函数可写为

$$S(X) = \eta_\delta^2 + \mathrm{tr}(X^{\mathrm{T}}VX) - 2\mathrm{tr}(X^{\mathrm{T}}B(X)X).$$

压力函数 S 的一个优超函数 T 可由下面给出:

$$T(X,Y) = \eta_\delta^2 + \mathrm{tr}(X^{\mathrm{T}}VX) - 2\mathrm{tr}(X^{\mathrm{T}}B(Y)Y).$$

下面证明 T 确实是 S 的优超函数,

$$\frac{1}{4}(T-S) = \rho(X) - \tilde{\rho}(X,Y),$$

其中,

$$\tilde{\rho}(X,Y) = \mathrm{tr}(X^{\mathrm{T}}B(Y)Y).$$

则

$$
\begin{aligned}
\rho(X) &= \sum_{r<s} w_{rs}\delta_{rs}\{(x_r - x_s)^{\mathrm{T}}(x_r - x_s)\}^{\frac{1}{2}} \\
&= \sum_{r<s} \frac{w_{rs}\delta_{rs}}{d_{rs}(Y)}\{(x_r - x_s)^{\mathrm{T}}(x_r - x_s)(y_r - y_s)^{\mathrm{T}}(y_r - y_s)\}^{\frac{1}{2}} \\
&\geqslant \sum_{r<s} \frac{w_{rs}\delta_{rs}}{d_{rs}(Y)}(x_r - x_s)^{\mathrm{T}}(y_r - y_s) = \tilde{\rho}(X, Y),
\end{aligned}
$$

其中不等式是根据柯西–施瓦茨不等式, 由此 $\rho(X) \geqslant \tilde{\rho}(X, Y)$. 并且 $T(X, X) = S(X)$, 故 T 优超于 S.

为极小化 T, 令

$$
\frac{\partial T}{\partial Y} = 2VX - 2B(Y)Y = \mathbf{0}. \tag{3.2.2}
$$

这里 V 的秩为 $(n-1)$, 因为它的行和均为 0, 故需利用 Moore-Penrose 逆来解方程 (3.2.2), 得到

$$
X = V^+ B(Y)Y,
$$

因它出现在 Guttman 的文章[60] 中, 故被称为 Guttman 变换.

因此, 利用优超方法来极小化压力函数可直接用 Guttman 变换作为其更新公式, 该算法可得到一个压力值的非增序列, 该序列线性收敛[30]. 优超方法较梯度法的优点在于压力值的序列总是非增的, 然而它也会碰到同样的问题, 即不一定会找到全局解, 有可能会落在一个局部极小值点上.

第4章　非度量多维标度方法

4.1　引　　言

非度量多维标度方法是在 20 世纪 60 年代发展起来的. 本章讲述非度量多维标度方法的基本理论. 理论上是针对 2 模 1 式数据, 本质上是针对从一组对象中收集的不相似性数据.

假设有 n 个对象, 它们的不相似性为 $\{\delta_{rs}\}$. 这个过程就是在一个空间中找到 n 个点的布局, 使得每个对象都能被空间中的一个点所代表. 这个布局满足: 空间中每对点间的距离 $\{d_{rs}\}$(通常选取欧氏距离), 尽可能匹配原来的不相似性 $\{\delta_{rs}\}$.

数学上, 记这些对象都包含在集合 O 中, 对象 r 和对象 s 间的不相似性 δ_{rs} $(r, s \in O)$ 是定义在 $O \times O$ 上. 令 ϕ 是从 O 到点集 X 的映射, 其中 X 是布局空间的子集. 令实值函数 $d_{x_r x_s}$ 代表 X 中两点 x_r, x_s 间的距离, 则 $\hat{d}$ 是定义在 $O \times O$ 上, 用来衡量距离 $d_{\phi(r)\phi(s)}$ 与不相似性 δ_{rs} 匹配的好坏. 通过各种形式的损失函数, 得到映射 ϕ, 使得 $d_{\phi(r)\phi(s)}$ 近似等于 δ_{rs}.

不相似性测量的方法已经在第 1 章中给出了, 假设经过计算得到了不相似性 δ_{rs}, 令 X 是 R^2 空间, d 取欧氏距离, 有时候也选取 R^3 空间和 Minkowski 度量. 如果这些都已经确定, 并且计算 $\hat{d}$ 的方法也已经给定, 则非度量多维标度问题变成了寻找一个合适的解决最小损失函数的算法的问题.

例子　假设 O 只包含标记为 $\{1,2,3\}$ 的三个样本, 它们的不相似性为

$$\delta_{11} = \delta_{22} = \delta_{33} = 0, \quad \delta_{12} = 4, \quad \delta_{13} = 1, \quad \delta_{23} = 3.$$

令 C 是只有两个点 $\{a,b\}$ 的空间, 用来代表样本, 则 X 将会是 C 的子集. 映射 ϕ 会将 O 中的每个点映射到 C 中两个点中的一个, 因此三个点至少有两个是重合的. 令定义在 O 上的距离函数为 $d_{aa} = d_{bb} = 0$, $d_{ab} = 1$. 现在, 假设 $\hat{d}$ 的函数定义为: 若对于所有的 r, s, $\{d_{rs}\}$ 的排序与 $\{\delta_{rs}\}$ 的排序相等, 则 $\hat{d}_{rs} = d_{rs}$, 否则, $\hat{d}_{rs} = 1$. 注意: 在通常情况下, 自己与自己的不相似性 $\delta_{11}, \delta_{22}, \delta_{33}$ 是没有用的. 损失函数为

$$S = \min_{\phi} \left\{ \sum_{r,s} \| d_{rs} - \hat{d}_{rs} \| \right\}.$$

有八种可能的映射 ϕ:

$$\phi_1 : \phi_1(1) = a, \phi_1(2) = a, \phi_1(3) = a,$$

$$\phi_2 : \phi_2(1) = a, \phi_2(2) = a, \phi_2(3) = b,$$

$$\phi_3 : \phi_3(1) = a, \phi_3(2) = b, \phi_3(3) = a,$$

$$\phi_4 : \phi_4(1) = b, \phi_4(2) = a, \phi_4(3) = a,$$

$$\phi_5 : \phi_5(1) = a, \phi_5(2) = b, \phi_5(3) = b,$$

$$\phi_6 : \phi_6(1) = b, \phi_6(2) = a, \phi_6(3) = b,$$

$$\phi_7 : \phi_7(1) = b, \phi_7(2) = b, \phi_7(3) = a,$$

$$\phi_8 : \phi_8(1) = b, \phi_8(2) = b, \phi_8(3) = b,$$

因为 $\phi_i \equiv \phi_{9-i}$, 所以只需要考虑上述情况中的四种. 不相似性的排序为 $\delta_{13}, \delta_{23}, \delta_{12}$. 以 ϕ_3 为例, 距离的可能排序为 d_{13}, d_{12}, d_{23} 和 d_{13}, d_{23}, d_{12}, 对应的 $\hat{d}$ 分别为

$$\hat{d}_{13} = 1, \quad \hat{d}_{12} = \hat{d}_{23} = 0, \quad \hat{d}_{13} = 0, \quad \hat{d}_{23} = \hat{d}_{12} = 1.$$

对应的 $S = 0.0$. 不同映射下的 S 值为

$$0.0, \ 3.0, \ 0.0, \ 3.0, \ 3.0, \ 0.0, \ 3.0, \ 0.0.$$

所以得到最小损失的映射为 ϕ_1 和 ϕ_3 (或者 ϕ_8 和 ϕ_6). 映射 ϕ_1 把三个样本点全部映到 a, 而 ϕ_3 把样本点 1 和 3 映到 a, 把样本点 2 映到 b. 事实上, ϕ 对三个样本点进行了聚类分析, ϕ_1 产生了一个聚类, ϕ_3 产生两个聚类.

　　虽然非度量 MDS 可以在复杂空间中进行, 但是 MDS 分析主要是在 R^p 的子集 X 中进行, 特别地, $p = 2$. 在 R^p 中找到能代表原始对象的点的布局, 使得点间距离 $\{d_{rs}\}$ 的序尽可能与原始不相似性 $\{\delta_{rs}\}$ 的序匹配.

　　记 X 中第 r 个点的坐标为 $x_r = (x_{r1}, \cdots, x_{rp})^{\mathrm{T}}$, X 中两点间的距离计算选择 Minkowski 度量, 因此 X 中点 r 和点 s 间的距离为

$$d_{rs} = \left[\sum_{i=1}^{p} | x_{ri} - x_{si} |^{\lambda} \right]^{\frac{1}{\lambda}}, \quad \lambda > 0. \tag{4.1.1}$$

定义 $\{\hat{d}_{rs}\}$ 是 $\{d_{rs}\}$ 的函数, 即

$$\hat{d}_{rs} = f(d_{rs}),$$

其中, f 是单调函数, 满足

$$\hat{d}_{rs} \leqslant \hat{d}_{tu}, \quad 若 \ \delta_{rs} < \delta_{tu}. \qquad (条件 \ (\mathrm{C}_1))$$

因此, $\{\hat{d}_{rs}\}$ 保持了原始不相似性的序, 但是允许里面还有结 (如有两个不相似性相同, 则称为结). 不相似性中的结将稍后讨论.

记 L 为损失函数, 例如

$$L = \left\{ \frac{\sum\limits_{r,s}(d_{rs} - \hat{d}_{rs})^2}{\sum\limits_{r,s} d_{rs}^2} \right\}^{\frac{1}{2}}. \tag{4.1.2}$$

注意到原始的不相似性 $\{\delta_{rs}\}$ 是通过决定 $\{\hat{d}_{rs}\}$ 的序来作用到损失函数中的. 上面定义的损失函数是常用的, 其他的损失函数会在后续讨论. 目标是找到可达到最小损失的布局, 用等式 (4.1.1) 代替距离 $\{d_{rs}\}$, 损失函数就可以写成关于坐标 $\{x_{ri}\}$ 的形式, 因此可以关于 $\{x_{ri}\}$ 求偏微分来求最小. $\{\hat{d}_{rs}\}$ 通常是非常复杂且关于距离 $\{d_{rs}\}$ 和坐标 $\{x_{ri}\}$ 都是不可微函数. 这就意味着当搜索最小值时, 损失函数关于坐标 $\{x_{ri}\}$ 不能全微分. 然而, 关于 $\{x_{ri}\}$ 最小化 L 以及关于 $\hat{d}_{rs}$ 最小化 L, 均有很多算法对此进行了研究.

Shepard[115,116] 第一次提出了解决非度量 MDS 的算法, 但是他没有使用损失函数. 他的方法的第一步是对不相似性排序和标准化使得最小和最大的不相似性分别为 0 和 1. 然后代表对象的 n 个点放置在 R^{n-1} 欧氏空间中单纯形的顶点. n 个点间的距离 $\{d_{rs}\}$ 可被计算和排序. 对是否违背 $\{d_{rs}\}$ 和 $\{\delta_{rs}\}$ 的单调性的测量是用 $\delta_{rs} - \delta_{[rs]}$, 其中 $\delta_{[rs]}$ 是与 d_{rs} 的排序相同的不相似性的值. Shepard 的方法是移动点来减少不单调的点, 同时也伸展较长的距离, 收缩较小的距离. 重复移动点直到调整是可以忽略的为止. 但是该算法是没有一个合适的损失函数公式. 最后一次迭代后, 坐标系统旋转到主成分轴, 第一个 p 主成分轴作为最后的在 p 维空间的布局.

Kruskal[76,77] 改进了 Shepard 的想法, 通过提出一个损失函数, 将非度量 MDS 变得有据可依.

4.2   Kruskal 的方法

将损失函数 (4.1.2) 重新定义为 S,

$$S = \sqrt{\frac{S^*}{T^*}}, \tag{4.2.1}$$

其中,

$$S^* = \sum_{r,s}(d_{rs} - \hat{d}_{rs})^2, \quad T^* = \sum_{r,s}d_{rs}^2.$$

注意, 损失函数中的求和是取遍 $1 = r < s = n$, 因为对于所有的 r, s, 都有 $\delta_{sr} = \delta_{rs}$. 损失函数关于 $\{d_{rs}\}$ 求最小等价于损失函数关于 $\{x_{ri}\}$ 求最小, 同时还要关于 $\{\hat{d}_{rs}\}$ 求最小. 即求解如下优化问题:

$$\min_{x_i, i=1,\cdots,n, \hat{\delta}_{rs}} S.$$

4.2.1   关于 $\{\hat{d}_{rs}\}$ 最小化 S

关于 $\{\hat{d}_{rs}\}$ 求最小使用的方法是保序回归. 为了方便, 将不相似性 $\{\delta_{rs}\}$ 重新写为 $\{\delta_i : i = 1, \cdots, N\}$, 假设它们已经排好序且不含有结. 同样地, 将距离 $\{d_{rs}\}$ 重新写为 $\{d_i : i = 1, \cdots, N\}$, 其中, d_i 对应 δ_i. 为了方便解释, 下面先给出一个例子.

例子   假设只有 4 个对象, 不相似性为

$$\delta_{12} = 2.1, \quad \delta_{13} = 3.0, \quad \delta_{14} = 2.4, \quad \delta_{23} = 1.7, \quad \delta_{24} = 3.9, \quad \delta_{34} = 3.2,$$

点代表 4 个对象的布局的距离为

$$d_{12} = 1.6, \quad d_{13} = 4.5, \quad d_{14} = 5.7, \quad d_{23} = 3.3, \quad d_{24} = 4.3, \quad d_{34} = 1.3.$$

则根据新的定义对不相似性排序, 以及它们相对应的距离为

$$\delta_1 = 1.7, \quad \delta_2 = 2.1, \quad \delta_3 = 2.4, \quad \delta_4 = 3.0, \quad \delta_5 = 3.2, \quad \delta_6 = 3.9,$$

$$d_1 = 3.3, \quad d_2 = 1.6, \quad d_3 = 5.7, \quad d_4 = 4.5, \quad d_5 = 1.3, \quad d_6 = 4.3.$$

最小化 S 等价于如下问题:

$$\begin{cases} \min_{\hat{\delta}_i} \quad S' = \sum_i (d_i - \hat{d}_i)^2 \\ \text{s.t.} \quad \hat{\delta}_1 \geqslant \hat{\delta}_2 \geqslant \cdots \geqslant \hat{\delta}_k. \end{cases}$$

根据新的下标定义, 记 $\{d_i\}$ 的累积和为

$$D_i = \sum_{j=1}^{i} d_j, \quad i = 1, \cdots, N,$$

考虑 D_i 关于 i 的图, 上面有 $P_0, P_1, \cdots, P_N$, 其中原点为 P_0. 图 4.2.1 给出的是例子的图. 注意到连接 P_{i-1} 和 P_i 的直线的斜率正好是 d_i. 累积和的最大凸弱函数是图在累积和的图的下面的所有凸函数的上确界的图. (在 P_0 和 P_N 间拿着一根绳子绷紧就是最大凸弱函数). 例子的最大凸弱函数也在图中给出了. 最小化 S' 的 $\{\hat{d}_i\}$ 由最大凸弱函数给出, 其中 $\hat{d}_i$ 是横坐标为 i 处的纵坐标的值. 从图 4.2.1 中可以看到 $\hat{d}_i$ 的某些值等于 d_i, 而且显然对所有的 i, 如果 $\hat{d}_i = d_i$, 则 $S' = 0$. 注意 $\hat{d}_i = \hat{D}_i - \hat{D}_{i-1}$, 且是直线的斜率, 因此若 $\hat{D}_i < D_i$, 则 $\hat{d}_i = \hat{d}_{i+1}$.

为了证明 $\{\hat{d}_i\}$ 确实是 S' 的最小值, 假设 $\{d_i^*\}$ 是满足条件 (C₁) 的任意一个实值集, 显然有

$$\sum_{i=1}^{N} (d_i - d_i^*)^2 \geqslant \sum_{i=1}^{N} (d_i - \hat{d}_i)^2.$$

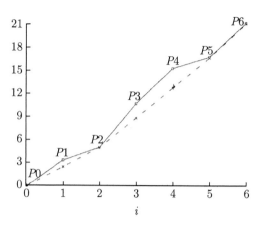

图 4.2.1   保序回归例子

实线为 $\{D_i\}$ 累积和, 虚线为最大凸弱函数

令

$$D_i^* = \sum_{j=1}^{i} d_j^*, \quad \hat{D}_i = \sum_{j=1}^{i} \hat{d}_j.$$

阿贝尔公式,

$$\sum_{i=1}^{N} a_i b_i = \sum_{i=1}^{N-1} A_i (b_i - b_{i+1}) + A_N b_N,$$

其中, $A_i = \sum_{j=1}^{i}$ 是部分和, 这个公式在后面会用到. 显然有

$$\sum_{i=1}^{N} (d_i - d_i^*)^2 = \sum_{i=1}^{N} \{(d_i - \hat{d}_i) + (\hat{d}_i - d_i^*)\}^2$$

$$= \sum_{i=1}^{N} (d_i - \hat{d}_i)^2 + \sum_{i=1}^{N} (\hat{d}_i - d_i^*)^2 + 2 \sum_{i=1}^{N} (d_i - \hat{d}_i)(\hat{d}_i - d_i^*).$$

现在,

$$\sum_{i=1}^{N} (d_i - \hat{d}_i)(\hat{d}_i - d_i^*) = \sum_{i=1}^{N-1} (D_i - \hat{D}_i)(\hat{d}_i - \hat{d}_{i+1}) - \sum_{i=1}^{N-1} (D_i - \hat{D}_i)(d_i^* - d_{i+1}^*)$$

$$+ (D_N - \hat{D}_N)(\hat{d}_N - d_N^*). \tag{4.2.2}$$

因为最大凸弱函数上的最后一个点与 $P_N = d_1 + \cdots + d_N = D_N$ 重合, 所以 $D_N - \hat{D}_N = 0$. 现在考虑 $(D_i - \hat{D}_i)(\hat{d}_i - \hat{d}_{i+1})$. 如果最大凸弱函数上的第 i 个点与 P_i 重合, 则 $D_i = \hat{D}_i$, 所以这部分为 0. 另一方面, 如果 $\hat{D}_i < D_i$, 则 $\hat{d}_i = \hat{d}_{i+1}$, 所以这部分还是 0. 由条件 (C_1), 可得 $d_i^* < d_{i+1}^*$, 又因为 $D_i - \hat{D}_i \geqslant 0$, 因此 (4.2.2) 中剩下的部分 $-\sum\limits_{i=1}^{N-1}(D_i - \hat{D}_i)(d_i^* - d_{i+1}^*)$ 是正的. 所以有

$$\sum_{i=1}^{N}(d_i - d_i^*)^2 \geqslant \sum_{i=1}^{N}(d_i - \hat{d}_i)^2 + \sum_{i=1}^{N}(\hat{d}_i - d_i^*)^2,$$

最后得

$$\sum_{i=1}^{N}(d_i - d_i^*)^2 \geqslant \sum_{i=1}^{N}(d_i - \hat{d}_i)^2.$$

由此可知, $\{\hat{d}_{rs}\}$ 是 $\{d_{rs}\}$ (使用等权重) 关于 $\{\delta_{rs}\}$ 序的保序回归, $\{\hat{d}_{rs}\}$ 是 S' 和 S 的最小值. Barlow 等[4] 在多种情形中保序回归的用途, 而且解释了在非度量 MDS 情形中的应用. 在 MDS 的历史中, 保序回归被称为在 $\{\delta_{rs}\}$ 上的 $\{d_{rs}\}$ 的主要单调最小二乘回归.

因此对于刚才的例子, 有

$$\hat{d}_1 = \hat{d}_2 = 2.45, \quad \hat{d}_3 = \hat{d}_4 = \hat{d}_5 = 3.83, \quad \hat{d}_6 = 4.3,$$

注意 $\hat{d}_1, \hat{d}_2$ 是 d_1 和 d_2 的平均值; $\hat{d}_3, \hat{d}_4, \hat{d}_5$ 是 d_3, d_4 和 d_5 的平均值; $\hat{d}_6$ 等于 d_6. S 的值是 0.14.

4.2.2 最小化应力的布局

由于 $\{\hat{d}_{rs}\}$ 是 $\{d_{rs}\}$ 关于 $\{\delta_{rs}\}$ 的单调最小二乘回归, 则 S 称为布局的应力, S^* 称为原始应力.

下面最小化 S 来寻找一个布局. 求解 S 的最小值不是件容易的工作. 第一步是把 X 中的点的坐标写成向量的形式, $x = (x_{11}, \cdots, x_{1p}, \cdots,$

$x_{np})^{\mathrm{T}}$, 一个向量有 np 个元素, 则可以把 S 认为是 x 的函数, 采用迭代算法, 关于 x 求 S 的最小值. 使用最速下降法, 令 x_m 是第 m 次迭代后点的坐标向量, 则

$$x_{m+1} = x_m - \frac{\dfrac{\partial S}{\partial x} \times sl}{\left| \dfrac{\partial S}{\partial x} \right|},$$

其中 sl 是将在后面讨论的步长. 现在,

$$\begin{cases}
\dfrac{\partial S}{\partial x_{ui}} = \dfrac{1}{2}\sqrt{\dfrac{T^*}{S^*}} \dfrac{\left(T^* \dfrac{\partial S^*}{\partial x_{ui}} - S^* \dfrac{\partial T^*}{\partial x_{ui}}\right)}{T^{*2}} \\[4mm]
\qquad\quad = \dfrac{1}{2}S\left(\dfrac{1}{S^*}\dfrac{\partial S^*}{\partial x_{ui}} - \dfrac{1}{T^*}\dfrac{\partial T^*}{\partial x_{ui}}\right), \\[4mm]
\dfrac{\partial S^*}{\partial x_{ui}} = 2\sum_{r,s}(d_{rs} - \hat{d}_{rs})\dfrac{\partial d_{rs}}{\partial x_{ui}}, \\[4mm]
\dfrac{\partial T^*}{\partial x_{ui}} = 2\sum_{r,s}d_{rs}\dfrac{\partial d_{rs}}{\partial x_{ui}}.
\end{cases} \tag{4.2.3}$$

对于 Minkowski 度量,

$$\frac{\partial d_{rs}}{\partial x_{ui}} = d_{rs}^{1-\lambda}(x_{ri} - x_{si})^{\lambda-1}(\delta^{ru} - \delta^{su})\mathrm{signum}(x_{ri} - x_{si}),$$

因此,

$$\frac{\partial S}{\partial x_{ui}} = S\sum_{r,s}(\delta^{ru} - \delta^{su})\left(\frac{d_{rs} - \hat{d}_{rs}}{S^*} - \frac{d_{rs}}{T^*}\right)$$
$$\times \frac{\mid x_{ri} - x_{si} \mid^{\lambda-1}}{d_{rs}^{\lambda-1}}\mathrm{signum}(x_{ri} - x_{si}) \tag{4.2.4}$$

这是 Kruskal[77] 给出的结果.

初始点 x_0 需要给定. x_0 的一种选择方法是在一个 R^p 的区域中, 根据泊松过程生成 n 个点. 在它的最简单的形式中, 这就意味着对于每个

点都模拟一个单坐标, 且服从 $[0,1]$ 上的均匀分布. 4.3.6 节将会讨论选取初始点的其他方法.

一旦选定初始点 x_0 给定, 可借助下面的算法, 用最速下降法最小化 S, 以便求点的布局. 下面的算法是由 Kruskal[77] 总结的.

4.2.3 Kruskal 的迭代方法

下面总结了根据最小应力, 寻找布局的迭代方法.

算法 4.2.1 Kruskal 的迭代方法

1. 选择初始布局.

2. 标准化初始布局, 使其中心在原点, 且到原点的平均平方距离为 1.

3. 根据标准化布局计算 $\{d_{rs}\}$.

4. 拟合 $\{\hat{d}_{rs}\}$.

5. 计算梯度 $\frac{\partial S}{\partial x}$. 如果 $\left|\frac{\partial S}{\partial x}\right| < \epsilon$, 其中 ϵ 是给定的很小的数, 则根据最小的应力可以找到一个布局, 且迭代终止. 注意到应力的最小值点是局部最小点, 不是全局最小点.

6. 找到新的步长 sl. Kruskal 提出了在每一步中改变 sl 的规则, 规则如下:

$$
\begin{aligned}
sl_{\text{present}} = sl_{\text{previous}} & \times \text{(角度因子)} \\
& \times \text{(松弛因子)} \\
& \times \text{(好运因子)}
\end{aligned}
\tag{4.2.5}
$$

其中,

角度因子 $= 4.0^{\cos^3\theta}$,

$\theta = $ 当前梯度和前一个梯度的夹角,

松弛因子 $= \dfrac{1.3}{1 + (5 \text{ 步长因子})^5}$,

$$步长因子 = \min\left[1, \left(\frac{当前压力}{5\ 步以前的压力}\right)\right],$$

$$好运因子 = \min\left[1, \frac{当前压力}{上一步压力}\right].$$

7. 根据

$$x_{n+1} = x_n - sl\frac{\dfrac{\partial S}{\partial x}}{\left|\dfrac{\partial S}{\partial x}\right|}$$

寻找新的布局.

8. 返回 2.

在步骤 4 中, 可以看到, $\{d_{rs}\}$ 关于 $\{\delta_{rs}\}$ 的单调最小二乘回归把 $\{\delta_{rs}\}$ 分成块, 其中 $\hat{d}_{rs}$ 是常数, 等于相对应的 d_{rs} 的平均值. 为了找到对 $\{\delta_{rs}\}$ 的合适的划分, 首先, 最好的划分是通过交错的概念, 分成 N 个块, 每个块包含单个 δ_i. 如果初始的划分满足 $d_1 \leqslant d_2 \leqslant \cdots \leqslant d_N$, 则 $\hat{d}_i = d_i$, 且这是最终的划分. 否则, 在 $d_i > d_{i+1}$ 时, 将 d_i, d_{i+1} 合并, 此时 $\hat{d}_i = \hat{d}_{i+1} = (d_i + d_{i+1})/2$. 继续合并块, 直到找到所需的划分, 就找到了新的 $\hat{d}_i$. 细节参见文献 [4] 和 [76]. 所需划分还可以通过考虑累积和 D_i 的图以及最大凸弱函数找到. D_i 到原点的斜率 $s_i = D_i/i$, 具有最小斜率的点肯定在最大凸弱函数上, 记这个点为第一个点. 在这个点左边的所有点都不在最大凸弱函数上, 所以在后续的过程中这些点的斜率可以不用考虑. 在剩下的点中找到斜率最小的点, 记这个点为第二个点, 这个点肯定也在最大凸弱函数上, 但第一个点与第二个点间的所有点都不在最大凸弱函数上, 后续这些点的斜率将不再考虑. 这个过程直到到达第 N 个点结束. 一旦找到最大凸弱函数, 会很容易得到 $\{\hat{d}_i\}$.

4.2.4　早餐麦片的非度量标度结果

1993 年由美国统计协会组织的统计图形博览会包含了一组早餐麦片的数据, 一些感兴趣的人在协会的年度会议上进行分析. 最初, 对 17 个不同的早餐麦片收集了 11 个变量的观察结果. 为了清晰的图形说明, 只有由家乐氏生产的早餐谷物在这里进行分析, 将谷物的数量减少到 23 个. 被测量的变量是: 类型 (热或冷), 卡路里数, 蛋白质 (克), 脂肪, 钠 (毫克), 饮食纤维 (克), 复合碳水化合物 (克), 糖 (克), 显示货架 (1, 2, 3, 从地板上算起), 钾 (毫克), 维生素和矿物质 (0, 25, 或 100, 分别表示没有增加的; 增加到每日推荐量的 25 个; 每日推荐量的 100 个). 在家乐氏早餐麦片上采用了二维的非度量多维标度方法.

首先在变量上由欧氏距离计算不相似性, 并标准化使得均值为 0, 方差为 1, 应力值为 14%. 然后使用 Gower 的一般不相似性系数, 找到一个应力值为 15% 的布局. 表 4.2.1 列出了 23 个麦片, 图 4.2.2 给出了最终的

表 4.2.1　23 个早餐麦片

Cereal		Cereal	
All Bran	AllB	Just Right Fruit and Nut	JRFN
All Bran with extra fibre	AllF	Meuslix Crispy Blend	MuCB
Apple Jacks	AppJ	Nut and Honey Crunch	Nut&
Cornflakes	CorF	Nutri Grain Almond Raisin	NGAR
Corn Pops	CorP	Nutri Grain Wheat	NutW
Cracklin Oat Bran	Crac	Product 19	Prod
Crispix	Cris	Raisin Bran	RaBr
Froot Loops	Froo	Raisin Squares	Rais
Frosted Flakes	FroF	Rice Crispies	RiKr
Frosted Mini Wheats	FrMW	Smacks	Smac
Fruitful Bran	FruB	Special K	Spec
Just Right Crunch Nuggets	JRCN		

布局. 早餐麦片的鉴赏家可能希望解释这种布局. 当在布局中在画每个麦片的位置时, 一个有趣的特征是谷物纤维含量的空间形态. 图 4.2.3 表明了这个趋势. 低纤维含量在布局的左下方, 高纤维的在布局的右上角.

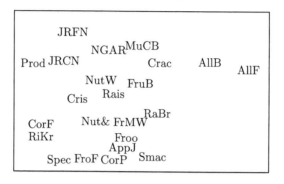

图 4.2.2   早餐麦片的非度量标度结果

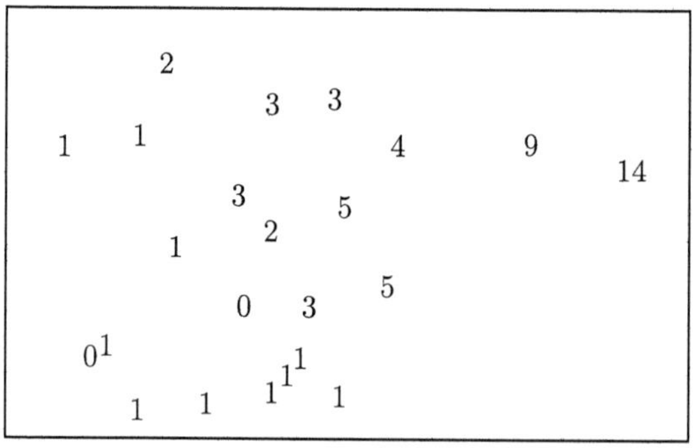

图 4.2.3   最小化函数 $f(x) = 6 + 3x + 10x^2 - 2x^4$ 利用优超函数

$$g(x, y) = 6 + 3x + 10x^2 - 8xy^3 + 6y^4$$

图 4.2.4 表示 $\{\delta_{rs}\}$ 离 $\{d_{rs}\}$ 的距离, 以及在 $\{\delta_{rs}\}$ 上 $\{d_{rs}\}$ 的保序回归, 即不同, 这被称为 Shepard 图, 在评估匹配的时候是有用的. 请注意, Shepard 图通常与图 4.2.4 的坐标轴相结合, 按照一般的回归惯例进行反转. 偏好取决于如何评价这个图, 要不就是关于 $\{\delta_{rs}\}$, $\{d_{rs}\}$ 的保序回归, 要不就是关于 $\{d_{rs}\}$ 的不同性.

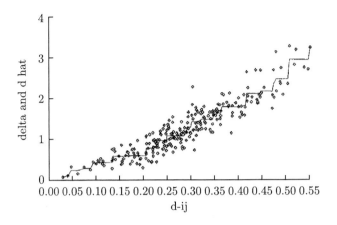

图 4.2.4 早餐麦片的结果图示

4.2.5 STRESS1/2、单调性、结和缺失数据

Kruskal 使用的应力函数 (4.2.1) 被定义为 STRESS1. 另一个经常用于非度量 MDS 的应力函数是

$$S = \left\{ \frac{\sum\limits_{r,s}(d_{rs} - \hat{d}_{rs})^2}{\sum\limits_{r,s}(d_{rs} - d..)^2} \right\}^{\frac{1}{2}},$$

其中, $d..$ 是 $\{d_{rs}\}(1 \leqslant r < s \leqslant n)$ 的均值. 这个函数称为 STRESS2. 在这两种应力定义中, 只是分母不同而已.

回顾条件 (C_1),

$$\hat{d}_{rs} \leqslant \hat{d}_{tu}, \quad \delta_{rs} < \delta_{tu}.$$

这是弱单调条件, 拟合的 $\{\hat{d}_{rs}\}$ 是弱单调的. 这个条件可以被条件 (C_2) 替代,

$$\hat{d}_{rs} < \hat{d}_{tu}, \quad 若 \ \delta_{rs} < \delta_{tu}. \qquad (条件 \ (C_2)).$$

这是强单调条件, 拟合的 $\{\hat{d}_{rs}\}$ 是强单调的. 因为后一条件对布局有更多的约束, 所以后一条件产生的应力值较大.

这里有两种方式处理不相似性中的结.

第一种方法是: 如果 $\delta_{rs} = \delta_{tu}$, 则 $\hat{d}_{rs}$ 不一定等于 $\hat{d}_{tu}$.

第二种方法是: 如果 $\delta_{rs} = \delta_{tu}$, 则 $\hat{d}_{rs} = \hat{d}_{tu}$.

第二种处理方法的约束性强, 且已被许多学者使用, 例如 Kendall[71], Lingoes 和 Roskam[88], 与第一种方法相比并不令人满意. Kendall[72], Rivett[106] 介绍了处理结的第三种方法, 即第一种方法和第二种方法的结合.

在非度量 MDS 中, 如果不相似性的某些数据丢失, 则从应力公式中将这些数据去掉, 并且拟合的过程中也不考虑.

4.3　Guttman 方法

Guttman[60] 采用了一种不同于 Kruskal[76,77] 的方法应用在非度量 MDS 中. 他定义了一种不相关系数的损失函数, 基本等同于 Kruskal 的应力函数. 这种损失函数产生一种新的最小化算法. 下面简单介绍这种方法.

设不相似性 $\{\delta_{rs}\}$ 的序为 δ, δ 的元素是 $\delta_r (r = 1, \cdots, N)$. 令从布局得到的距离 $\{d_{rs}\}$ 的序为 d, 它与 $\{\delta_r\}$ 对应. 假设 E 是 $N \times N$ 的置换矩阵, 把 d 中的元素置换成递升次序. 令

$$d^* = Ed.$$

布局的连续性系数 μ 定义成

$$\mu = \sqrt{\frac{\left(\sum d_r d_r^*\right)^2}{\sum d_r^2 \sum d_r^{*2}}},$$

其中, 对于一个完美拟合, μ 的值为 1. 为了找到一个好的拟合布局, 不相关系数 K 定义成

$$K = \sqrt{1 - \mu^2},$$

用最速下降法求它的最小值.

例子 假设只有 3 个对象, 不相似性为

$$\delta_{12} = 4, \quad \delta_{13} = 1, \quad \delta_{23} = 3,$$

自相似性为 0. 假设一个特殊的布局, 点间的距离为

$$d_{12} = 2, \quad d_{13} = 4, \quad d_{23} = 5.$$

然后对不相似性排序,

$$\delta_i : 1, 3, 4,$$

$$d_i : 4, 5, 2.$$

置换矩阵 E 为

$$E = \begin{pmatrix} 0 & 0 & 1 \\ 1 & 0 & 0 \\ 0 & 1 & 0 \end{pmatrix},$$

得到 $d^* = (2, 4, 5)^{\mathrm{T}}$.

连续系数 μ 为 0.84, 且不相关系数 K 为 0.54.

Guttman 的文章在处理强和弱单调性以及数据中的结比这个简单的例子更详细. 可以证明的是, 最小化 K 等价于最小化应力 S. Guttman 和 Lingoes 设计了一系列针对 Guttman 方法的非度量 MDS 程序.

他们主要使用两种策略来实现最小化. 单相位 G-L 算法最小化

$$\phi^* = \sum (d_{rs} - d_{rs}^*)^2,$$

使用了最速下降法, 它与 Kruskal 算法差不多, 在这里不叙述了, 但可以在文献 [27] 和 [88] 中找到.

双相位 *G-L* 算法: 首先把 $\{d_{rs}\}$ 作为第一相位, 最小化 ϕ^*, 也就是说找到一个布局完美拟合当前值 $\{d_{rs}^*\}$, 然后寻找新的值 $\{d_{rs}^*\}$ 作为第二阶段, 使其完美拟合新的布局.

4.4   维数的选择

对于非度量 MDS, 为了容易说明, p 选为 2. 3 维布局可使用各种统计包形成 3 维过程图来解释, 统计包如 SAS, SOLO 和 STATISTICA. 然而一个 2 维中不太好的匹配的布局比其他只能用图表显示点的映射的高维布局更好. 为了选择一个合适的维数, Kruskal[76] 提议尝试几个维数 p 值, 并画出应力关于 p 的值. 随着 p 的增长, 应力减小. Kruskal 建议在图的拐点处取 p 值. 对于 4.2.4 节中早餐麦片, 图 4.4.1 给出了结果.

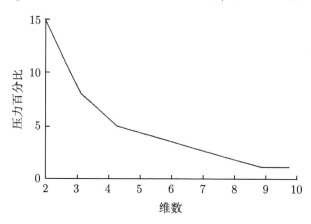

图 4.4.1   早餐麦片数据的 STRESS 与维数的关系

拐点在 $p = 4$ 处出现, 但是值得注意的是, 如果图上的应力不是很平的话, 这个拐点是很难识别的.

Wagenaar 和 Padmos[134] 提出了选取合适维数的方法. 不相似性应用于 $1, 2, 3, \cdots$ 维的非度量 MDS, 在每种情况下的应力值记为 $S_1, S_2,$ $S_3, \cdots$. 这些应力值与蒙特卡罗排列, 其中不相似性是由点的空间布局的距离生成, 且带有随机噪音得到的应力值做比较. 在 1 维的噪音水平 σ_1 对应的应力值为 S_1. 则对于 2 维的, S_2 与 S_2^E 作对比, 其中 S_2^E 是在 2 维带有噪音 σ_1 下的得到的理想应力. 若 S_2 显著小于 S_2^E, 则第 2 维是肯定需要的. 在 2 维里, 产生应力 S_2 的 σ_2 也就找到了. 然后在 3 维里带有噪音 σ_2 的理想应力 S_3^E 就可以计算了. 3 维的 S_3 与 S_3^E 作比较. 这个过程持续进行直到得到理想的应力.

4.5 初 始 布 局

对于非度量 MDS 而言, 初始布局的选取应该是任意的. 例如, 初始点可以是一个正则 p 维格的顶点, 或者通过 p 维泊松过程生成. 后一种方法要求所有坐标独立同分布于 $[-1, 1]$ 上的均匀分布. 一般而言, 布局是标准化的, 即中心在原点, 点到原点的平方距离均值为 1. 值得一提的是, 几种不同的初始布局的选取是为了避免局部最小解.

如果开始时将数据应用于度量 MDS, 则得到的布局可以作为非度量 MDS 的初始布局.

Guttman[60], Lingoes 和 Roskam[88] 提出了下面的寻找初始布局的方法. 令矩阵 C 定义为 $(C)_{rs} = c_{rs}$, 其中

$$c_{rs} = \begin{cases} 1 + \dfrac{\sum\limits_{s} \rho_{rs}}{N}, & r = s, \\ 1 - \dfrac{\rho_{rs}}{N}, & r \neq s, \end{cases}$$

其中, N 是不相似性 $\{\delta_{rs}\}$ 的总数目, ρ_{rs} 是 δ_{rs} 在 $\{\delta_{rs}\}$ 中的秩. 找到 C 的主成分, 且初始布局有第一个 p 主成分的特征向量给定, 但是忽略常值特征向量对应的主成分.

对非度量 MDS, (3.2.1) 中的损失函数额不相似性 $\{\delta_{rs}\}$ 由偏差 $\{\hat{d}_{rs}\}$ 替代, 正如 ALSCAL(alternating least squares Scaling), 需要进行两个极小化, 第一个是压力函数 (即损失函数) 关于距离 $\{d_{rs}\}$ 极小化, 另外一个是关于偏差 $\{\hat{d}_{rs}\}$ 极小化. 第一个极小化可由优超函数实现, 第二个可由保序回归实现.

第5章 多维标度的进一步学习

5.1 MDS 的其他形式

Schneider[111] 把 MDS 表示为度量 MDS 和非度量 MDS 的一个连续体. 定义逻辑函数 f_μ 如下:

$$f_\mu(y) = \frac{1}{1 + \mathrm{e}^{-\mu y}},$$

其中 $\mu(1 < \mu < \infty)$ 是连续参数. Schneider 在给定 μ 时最小化损失函数

$$L_\mu = \sum_{\substack{r \leqslant s, r' \leqslant s' \\ (r,s) \ll (r',s')}} [f_\mu(d_{rs}^2 - d_{r's'}^2) - f_\mu(\delta_{rs}^2 - \delta_{r's'}^2)]^2.$$

这里 $(r, s) \ll (r', s')$ 表示 $r < r'$, 或者当 $r = r'$ 时 $s < s'$.

当 $\mu = 0$ 时, 最小化损失函数

$$L_0 = \sum_{\substack{r \leqslant s, r' \leqslant s' \\ (r,s) \ll (r',s')}} [(d_{rs}^2 - d_{r's'}^2) - (\delta_{rs}^2 - \delta_{r's'}^2)]^2.$$

当 $\mu = \infty$ 时, 最小化损失函数

$$L_\infty = \sum_{r,s,r',s'} X_{rsr's'},$$

其中

$$X_{rsr's'} = \begin{cases} 1, & d_{rs} > d_{r's'},\ \delta_{rs} < \delta_{r's'}, \\ 1, & d_{rs} < d_{r's'},\ \delta_{rs} > \delta_{r's'}, \\ 0.25, & d_{rs} \neq d_{r's'},\ \delta_{rs} = \delta_{r's'}, \\ 0.25, & d_{rs} = d_{r's'},\ \delta_{rs} \neq \delta_{r's'}, \\ 0, & \text{其他.} \end{cases}$$

当 $\mu \to 0$ 时, 最小化 L_0 实质上是一个度量 MDS 的形式. 当 $\mu \to \infty$ 时, 最小化 L_∞ 得到一个非度量 MDS 形式. 对于一般的 μ, 最小化 L_μ 给出的形式介于前面两种之间.

Trosset[132] 给出了非度量标度问题的一个不同形式. 令 $B = (b_{rs})$, 其中,

$$b_{rs} = -\frac{1}{2}(\delta_{rs} - \delta_{r.} - \delta_{.s} + \delta_{..}).$$

$\hat{D} = (\hat{\delta}_{rs})$ 是表示不相似性的矩阵. 令

$$\hat{b}_{rs} = -\frac{1}{2}(\hat{\delta}_{rs} - \hat{\delta}_{r.} - \hat{\delta}_{.s} + \hat{\delta}_{..}).$$

Trosset 的规划关于 B 最小化损失函数

$$\sum_r \sum_s (b_{rs} - \hat{b}_{rs})^2,$$

并且找到的 B 是一个对称半正定且秩不超过 p 的矩阵, $\hat{D}$ 是表示不相似性的矩阵, $\{\hat{\delta}_{rs}\}$ 排序与初始的不相似性 $\{\delta_{rs}\}$ 排序相同, $\sum_r \sum_s \hat{\delta}_{rs}^2 \geqslant \sum_r \sum_s \delta_{rs}^2$. Trosset 建议用梯度投影方法来解这个最小化问题. 由 B 可以找到 MDS 布局中点的坐标矩阵 X. 在这一形式中, 我们可以看到度量标度问题和非度量标度问题的混合.

5.2　稳健 MDS

Spence 与 Lewandowsky[125] 考虑多维标度中异常值的影响. 他们用 2 维空间中 9 个点的 45 个欧氏距离证明了异常值的恶劣影响. 其中一个距离被扩大了 10 倍, 用经典标度得到的布局有两个点与这个距离有关, 距离真实位置较远. 为了克服异常值的影响, Spence 和 Lewandowsky 提出稳健参数估计和稳健拟合指数方法, 下面进行简单描述.

1. 稳健参数估计

假设在 p 维欧氏空间中根据相关的距离 $\{d_{rs}\}$, 找到 n 个点的一个布局, 这里的 $\{d_{rs}\}$ 表示不相似性 $\{\delta_{rs}\}$. 通常把这些点在欧氏空间中的坐标记为 $\{x_{ri}\}$. 考虑第 r 个点和第 s 个点之间的距离

$$d_{rs}^2 = \sum_{i=1}^{p}(x_{ri} - x_{si})^2.$$

对于坐标 x_{rk}, 与 $(n-1)$ 个距离以及不相似性和距离之间的 $(n-1)$ 个差异 $f(x_{rk})$ 相关,

$$f_s(x_{rk}) = \delta_{rs} - \left\{\sum_{i=1}^{p}(x_{ri} - x_{si})^2\right\}^{\frac{1}{2}}, \quad s \neq r; s = 1, \cdots, n.$$

显然有

$$f_s(x_{r1}) \equiv f_s(x_{r2}) \equiv \cdots \equiv f_s(x_{rp}).$$

令 $\{x_{ri}^t\}$ 为在搜索最优布局过程中第 t 次迭代的坐标, $\{d_{rs}^t\}$ 为相应的距离. 根据 Newton-Raphson 方法可得到如下迭代点

$$
\begin{aligned}
x_{rk}^{t+1} &= x_{rk}^t - \frac{f_s(x_{rk}^t)}{\partial f_s(x_{rk}^t)} \quad (s \neq r; s = 1, \cdots, n)\\
&= x_{rk}^t + \frac{(\delta_{rs} - d_{rs}^t)d_{rs}^t}{x_{rk}^t - x_{sk}^t}\\
&= x_{rk}^t + sg_{rk}^t.
\end{aligned}
$$

异常值对 sg_{rk}^t 与 x_{rk}^t 的修正有很大影响, 因此, Spence 和 Lewandowsky 提出使用他们的均值. 因此,

$$x_{rk}^{t+1} = x_{rk}^t + Mg_{rk}^t,$$

其中,

$$Mg_{rk}^t = \text{median}_{r \neq s}(sg_{rk}^t).$$

他们还提出了步长的修正,

$$x_{rk}^{t+1} = x_{rk}^t + \beta^t M g_{rk}^t,$$

其中,

$$\beta^t = \frac{\alpha^t}{g^t},$$

$$\alpha^{t+1} = \alpha^t \left\{ \frac{\sum\limits_{r,j}(x_{rj}^{t-1} - x_{rj}^{t-2})^2}{\sum\limits_{r,j}(x_{rj}^t - 2x_{rj}^{t-1} + x_{rj}^{t-2})^2} \right\}^{\frac{1}{2}},$$

$$g^t = \left\{ \frac{\sum\limits_{r,j}(M g_{rj}^t)^2}{\sum\limits_{r,j}(x_{rj}^t)^2} \right\}^{\frac{1}{2}}.$$

以上简单的修正包含了不相似性、距离或者两者的转换.

考虑初始布局, 有人提出用次序代替不相似性, 并用经典标度来找一个初始布局, 然后将找到的布局进行适当调整.

2. 稳健拟合指数

Spence 和 Lewandowsky 提出 TUF 作为拟合指数, 其中

$$\text{TUF} = \text{median}_r \text{median}_{s \neq r} \left| \frac{\delta_{rs} - d_{rs}}{\delta_{rs}} \right|,$$

乘以 100 时, 可以表示不相似性和拟合距离之间的中值百分数差异.

Spence 和 Lewandowsky 进行模拟实验来比较几个 MDS 程序, 进而处理异常值. 他们证明了非度量方法比度量方法更能减少异常值的影响. 这与他们所预期的相符. 而 TUFSCAL(基于 TUF 的变量技术) 受异常值的影响是最小的.

5.3 动态 MDS

Ambrosi 与 Hansohm[1] 描述了一个动态 MDS 方法, 在连续的 T 个时间段内的不相似性已知的情况下, 用于分析一组物体的近似数据. 不相似性记为 $\{\delta_{rs}\}$, $r, s = 1, \cdots, n$, $t = 1, \cdots, T$. 其目的是在一个空间中找到一个有 nT 个点的布局, 在这个布局中每个点被表示 T 次, 每个时间段一次, 希望每个物体的 T 个点两两之间相距不远. 按时间段画出它们的路径, 可以发现, 随着时间变化, 物体之间关系的性质会发生变化.

处理 T 个不相似性集合的一种可能的方式是把它们放在一个超不相似性矩阵 D 中, 即

$$D = \begin{pmatrix} D_{11} & D_{12} & \ldots & D_{1T} \\ \vdots & \vdots & & \vdots \\ D_{T1} & D_{T2} & \ldots & D_{TT} \end{pmatrix},$$

其中, $D_{tt} = (\delta_{rs}^t)$ 是第 t 个时间段的不相似性矩阵. 矩阵 $D_{tt'} = (\delta_{rs}^{t,t'})$, 其中 $\delta_{rs}^{t,t'}$ 表示第 r 个物体在第 t 个时间段内与第 s 个物体在第 t' 个时间段内的不相似性 $(t \neq t')$. 从一些有效信息中可以找到这些时间段内的不相似性. 例如, 如果这些物体的数据矩阵是有效的, 每个时间段都有一个数据矩阵, 由物体 r 在时间段 t 的观测值和物体 s 在时间段 t' 的观测值来找到不相似性, 从而用 Jaccard 系数定义 $\delta_{rs}^{t,t'}$. 通常 $\delta_{rs}^{t,t'} \neq \delta_{rs}^{t',t}$ $(r \neq s)$. 但超不相似性矩阵仍然是对称的. 若找不到不相似性 $\delta_{rs}^{t,t'}$, 则可以由 $\{\delta_{rs}^t\}$ 构造. 一种构造方式如下:

$$\delta_{rs}^{t,t'} = \frac{1}{2}(\delta_{rs}^t + \delta_{rs}^{t'}).$$

另一种, 可以假设所有的 $\delta_{rs}^{t,t'}$ $(t \neq t')$ 都是缺失的.

超不相似性矩阵构造完以后, 通常可以用于度量或非度量多维标度方法.

Ambrosi 和 Hansohm 提出了一种不同的方法. 他们使用 STRESS 解基于不相似性的非度量 MDS, 其第 t 个时间段的 STRESS 定义如下:

$$S^t = \frac{\sum_{r<s}(\delta_{rs}^t - \hat{d}_{rs}^t)^2}{\sum_{r<s}(\hat{d}_{rs}^t - \overline{d}^t)^2},$$

其中,

$$\overline{d} = \frac{2}{n(n-1)} \sum_{r<s} \hat{d}_{rs}^t.$$

T 个时间段的复合 STRESS 可以选择

$$S = \frac{\sum_{t=1}^{T}\sum_{r<s}(\delta_{rs}^t - \hat{d}_{rs}^t)^2}{\sum_{t=1}^{T}\sum_{r<s}(\hat{d}_{rs}^t - \overline{d}^t)^2}$$

或者

$$S = \sum_{t=1}^{T} S^t.$$

最小化综合的 STRESS 函数 S, 使得在由此得到的布局中, 表示物体的 T 个点两两之间的距离很近. 这可以由罚函数实现, 例如

$$U = \sum_{t=1}^{T-1}\sum_{r=1}^{n}\sum_{i=1}^{p}(x_{ri}^{t+1} - x_{ri}^t)^2,$$

其中, $X_r^t = (x_{ri}^t, \cdots, x_{rp}^t)$ 表示物体 r 在第 t 个时间段内的坐标.

求解如下优化问题:

$$\min \ S_\epsilon = S + \epsilon U,$$

可以找到一个布局, 其中 $\epsilon \ll 1$ 是一个常数.

最小化 STRESS 函数 S 和最小化罚函数 U 是一个折中, 依赖于 ϵ 的选取, 也依赖于 T 个代表物体的点间距较近这一要求的重要性.

当然也可以再加一个限制, 就是 T 个点在一条直线上. 这样, 取

$$x_r^t = x_r^1 + \alpha_r^{\mathrm{T}} y_r^t, \quad r = 1, \cdots, n; t = 2, \cdots, T,$$

其中, α_r 给出了第 r 个物体的直线方向, x_r^1 为直线的起点, y_r^t 是点 x_r^t 之间的距离. 在最小化 S_ϵ 的过程中估计这些新的参数.

5.4 约束 MDS

有时把约束加在由 MDS 分析得到的布局上, 或者加在参数上, 或者加在得到的布局中的距离上. 例如, 一个特殊的 stimuli 集合可以分成 10 个子集, 它要求一个子集中所有的 stimuli 点在一个特定的轴上的投影是一致的. Bentler 和 Weeks[9] 描述了一种情形, 涉及 9 种亮度、饱和度不同的 Munsell 红色, 数据来自 Torgerson[131]. MDS 布局可以被约束, 使得前两个轴给出这 9 种颜色真实的亮度和饱和度.

另一个颜色的例子是文献 [41] 中的, 其数据由 14 种颜色的不相似性组成. 对数据进行 2 维的 MDS 分析可以给出接近色环圆周的颜色. 带约束的 MDS 可以保证这些颜色落在圆环上.

为了约束一个 MDS 布局, Bentler 和 Weeks[9] 对欧氏空间的布局使用最小二乘标度方法, 只把要求的等式约束包含到最小二乘损失函数中. Bloxom[10] 用同样的方法但允许轴非正交. Lee 和 Bentler[80] 用包含拉格朗日乘子的最小二乘标度来约束布局. Lee[79] 用既可以带等式约束, 也可以带不等式约束的最小二乘标度方法. Borg 和 Lingoes[14] 用下面的方法

约束布局, 涵盖了度量 MDS 方法与非度量 MDS 方法.

令 $\{\delta_{rs}\}$, $\{d_{rs}\}$ 分别为一个布局中的不相似性和距离. 令 $\{\delta_{rs}^R\}$ 为反应约束的伪不相似性. 如果有伪不相似性不满足约束, 则这样的伪不相似性可以缺失. 令 $\{\hat{\delta}\}$ 为 $\{\delta\}$ 的差距, $\{\hat{\delta}_{rs}^R\}$ 是 $\{\delta_{rs}^R\}$ 的差距, 其中 "差距" 可以来自度量 MDS, 也可以来自非度量 MDS, 允许同时包含这两种情况. 然后最小化下面的损失函数, 找到约束解

$$L = (1 - \alpha)L_U + \alpha L_R, \quad 0 \leqslant \alpha \leqslant 1,$$

其中,

$$L_U = \sum_{r,s}(d_{rs} - \hat{\delta}_{rs})^2,$$
$$L_R = \sum_{r,s}(d_{rs} - \hat{\delta}_{rs}^R)^2.$$

损失函数 L_U 和 L_R 可以是 Kruskal 的 STRESS, 或者只是个最小二乘损失函数. 关于 α^t 最小化损失函数 L, α^t 是 α 在第 t 次迭代的值. 若能保证

$$\lim_{t\to\infty}\alpha^t = 1,$$

那么可以找到满足约束的布局. 注意: 最小化 L_R 和最小化 L_U 不同, 因为 L_R 包含缺失的值, 而 L_U 是完整的. 与许多人一样, Borg 和 Lingoes 把他们的方法运用到 Ekman 的颜色数据上, 并使得颜色落在一个圆周上.

Ter Braak[129] 考虑用回归模型来约束 MDS 模型, 使得布局的坐标回归于外部变量. 他给出一个例子, 对 21 个蝴蝶群体进行主坐标分析, 其中坐标回归于 11 个环境变量. 其他关于约束 MDS 模型的参考见文献 [33], [92], [93], [127], [137], [138].

第6章 Procrustes 分析

6.1 引　言

通常在一个欧氏空间中比较点的两个布局是很有必要的, 两个布局的点之间有一对一的映射. 例如, 对一个物体集合进行 MDS 分析得到的点的布局可能需要与其他分析方法得到的布局进行比较, 或者与一个基本布局进行比较, 如实际位置.

Procrustes 分析是将一个布局与另一个布局匹配, 产生匹配的度量的方法. 这种方法可能是唯一一个以恶棍的名字来命名的统计方法. 旅行者在古希腊的 Eleusis 与 Athens 之间的旅途中, 可能会遇到一个住在路边、名为 Damastes 的人. 他对旅行者会盛情款待, 为旅行者提供一张床. 如果床不适合他的客人用, Damastes 会把身高太矮的客人放在行李架上, 或者把身高太高的客人砍断四肢. Damastes 就有了意为 "拉伸器" 的绰号 Procrustes. Damastes 最终遭受了 Theseus 的惩罚, 也经历了与他的客人们相同的命运. 当然这些都来自古希腊神话故事.

Procrustes 分析是指寻找所需的保序伸缩、刚性平移、反射以及旋转使两个布局最佳匹配. Green[55], Schonemann[113], Schonemann 和 Carroll[114] 已经给出了寻找这些问题的解决方法. Sibson[118] 给出了 Procrustes 分析的一个简短的回顾, 并给出了解决方法. Hurley 和 Cattell[66] 首次使用 "Procrustes 分析" 的名称.

Procrustes 分析已经被应用到许多实际情况当中. 例如, Richman 和

Vermette[105] 用来区分细硫在美国的主要来源地区. Pastor 等[99] 对桃带肉果汁的产地进行 Procrustes 分析. Sinesio 和 Monta[121] 类似地用它对核桃果实的口感进行评估. Gower, Dijksterhuis[52] 和 De Jong 等[28] 用 Procrustes 分析研究咖啡. Faller 等[43] 用它给玉米–大豆早餐谷物分类. Procrustes 分析的一个重要应用是形状的统计分析, 把 "地标" 放在物体的位置, 形成的点的布局可以被转换和旋转来互相匹配. 作为该领域的一个介绍, 读者可参考 Dryden 和 Mardia 的著作 [38]. 其他的工作还可见文献 [39], [48], [73], [74].

6.2　不同情形下的 Procrustes 分析

设在 q 维欧氏空间中有一个由 n 个点构成的布局, 坐标矩阵为 $n \times q$ 的矩阵 X, 需要最佳匹配 $p\,(p \geqslant q)$ 维欧氏空间中另一个由 n 个点构成的布局, 其坐标矩阵为 Y. 设这两个布局的第 r 个点一一对应, 布局中的点可以代表物体、城市等. 首先, 将 X 的末尾加 $(p - q)$ 列 0, 使得两布局都可以放在 p 维空间中. Y 中的点与 X 中对应的点之间的距离平方和为

$$R^2 = \sum_{r=1}^{n} (y_r - x_r)^{\mathrm{T}} (y_r - x_r)$$

其中,

$$X = (x_1, \cdots, x_n)^{\mathrm{T}}, \quad Y = (y_1, \cdots, y_n)^{\mathrm{T}},$$

x_r, y_r 分别是 X, Y 中的第 r 个点的坐标向量.

令 X 中的点伸缩、转换、旋转、反射为新坐标 x'_r, 其中

$$x'_r = \rho A^{\mathrm{T}} x_r + b.$$

A 为正交矩阵, 给出的是一个旋转或者是一个反射, 向量 b 是平移向量, ρ 是伸缩系数. 目标已经找到, 即最小化新的距离平方和

$$R^2 = \sum_{r=1}^{n} (y_r - \rho A^{\mathrm{T}} x_r - b)^{\mathrm{T}} (y_r - \rho A^{\mathrm{T}} x_r - b). \tag{6.2.1}$$

于是得到如下的最优化问题:

$$\min_{\rho, A, b} R^2.$$

1. 最优转换

令 x_0, y_0 分别为两个布局的质心,

$$x_0 = \frac{1}{n} \sum_{r=1}^{n} y_r, \quad y_0 = \frac{1}{n} \sum_{r=1}^{n} y_r.$$

在 (6.2.1) 中关于质心度量 x_r, y_r,

$$R^2 = \sum_{r=1}^{n} \left((y_r - y_0) - \rho A^{\mathrm{T}} (x_r - x_0) + y_0 - \rho A^{\mathrm{T}} x_0 - b \right)^{\mathrm{T}}$$
$$\times \left((y_r - y_0) - \rho A^{\mathrm{T}} (x_r - x_0) + y_0 - \rho A^{\mathrm{T}} x_0 - b \right).$$

展开得到

$$R^2 = \sum_{r=1}^{n} \left((y_r - y_0) - \rho A^{\mathrm{T}} (x_r - x_0) \right)^{\mathrm{T}} \left((y_r - y_0) - \rho A^{\mathrm{T}} (x_r - x_0) \right)$$
$$+ n(y_0 - \rho A^{\mathrm{T}} x_0 - b)^{\mathrm{T}} (y_0 - \rho A^{\mathrm{T}} x_0 - b). \tag{6.2.2}$$

上式中最后一项非负, 且只有这一项有 b, 为使 R^2 最小化, 令

$$b = y_0 - \rho A^{\mathrm{T}} x_0.$$

因此,

$$x_r' = \rho A^{\mathrm{T}} (x_r - x_0) + y_0.$$

这样空间 X', Y 质心一致 (可以计算得到 $x'_0 = y_0$). 使质心一致最方便的方法是一开始对布局 X, Y 作变换, 使得两个布局的质心均在原点.

2. **最优扩张**

设 $x_0 = y_0 = \mathbf{0}$, 则

$$
\begin{aligned}
R^2 &= \sum_{r=1}^{n} (y_r - \rho A^{\mathrm{T}} x_r)^{\mathrm{T}} (y_r - \rho A^{\mathrm{T}} x_r) \\
&= \sum_{r=1}^{n} y_r^{\mathrm{T}} y_r + \rho^2 \sum_{r=1}^{n} x_r^{\mathrm{T}} x_r - 2\rho \sum_{r=1}^{n} x_r^{\mathrm{T}} A y_r \\
&= \mathrm{tr}(YY^{\mathrm{T}}) + \rho^2 \mathrm{tr}(XX^{\mathrm{T}}) - 2\rho \mathrm{tr}(XAY^{\mathrm{T}}).
\end{aligned}
\tag{6.2.3}
$$

对 R^2 关于 ρ 求导得到的 $\hat{\rho}$ 给出 R^2 的最小值,

$$
\begin{aligned}
\hat{\rho} &= \frac{\mathrm{tr}(XAY^{\mathrm{T}})}{\mathrm{tr}(XX^{\mathrm{T}})} \\
&= \frac{\mathrm{tr}(AY^{\mathrm{T}}X)}{\mathrm{tr}(XX^{\mathrm{T}})}.
\end{aligned}
$$

旋转矩阵 A 仍然未知, 接下来考虑旋转矩阵.

3. **最优旋转**

Ten Berge[128] 得到最优旋转矩阵并证明了不需要 R^2 可导. Sibson[118] 重复了推导过程. 接下来的研究都是以他们的工作为基础, 用到矩阵求导的交替方法, 如 Ten Berge[128] 和 Mardia 等[91] 的工作.

若 $\mathrm{tr}(XAY^{\mathrm{T}}) = \mathrm{tr}(AY^{\mathrm{T}})$ 是一个最大值, 则 (6.2.3) 中 R^2 的值是最小的. 令 $C = Y^{\mathrm{T}}X$, 且 C 有奇异值分解 $C = U\Lambda V^{\mathrm{T}}$, 其中 U, V 是正交矩阵, Λ 是由奇异值组成的对角阵, 则

$$
\mathrm{tr}(AC) = \mathrm{tr}(AU\Lambda V^{\mathrm{T}}) = \mathrm{tr}(V^{\mathrm{T}}AU\Lambda).
$$

现在 V, A, U 均是正交的, 则 $V^{\mathrm{T}}AU$ 也是正交的. 因为 Λ 是对角阵, 且正交矩阵的任一元素都不会超过 1,

$$\mathrm{tr}(AC) = \mathrm{tr}(V^{\mathrm{T}}AU\Lambda) \leqslant \mathrm{tr}(\Lambda).$$

所以, 当 $\mathrm{tr}(AC) = \mathrm{tr}(\Lambda)$ 时, R^2 最小. 此时,

$$V^{\mathrm{T}}AU\Lambda = \Lambda, \tag{6.2.4}$$

上式的解为

$$A = VU^{\mathrm{T}},$$

即为最优旋转矩阵, 它是 $Y^{\mathrm{T}}X$ 奇异值分解中正交矩阵的内积. 对 (6.2.4) 分别左乘、右乘 V, V^{T}, 有

$$AU\Lambda V^{\mathrm{T}} = V\Lambda V^{\mathrm{T}}.$$

因此,

$$AC = V\Lambda V^{\mathrm{T}} = (V\Lambda^2 V^{\mathrm{T}})^{\frac{1}{2}} = (C^{\mathrm{T}}C)^{\frac{1}{2}}.$$

若 $Y^{\mathrm{T}}X$ 非奇异, 则最优旋转矩阵为

$$(C^{\mathrm{T}}C)^{\frac{1}{2}}C^{-1} = (X^{\mathrm{T}}YY^{\mathrm{T}}X)^{\frac{1}{2}}(Y^{\mathrm{T}}X)^{-1},$$

否则解由

$$AC = (C^{\mathrm{T}}C)^{\frac{1}{2}}$$

给出. 注意到当 $Y^{\mathrm{T}}X$ 非奇异时, 最优解不需要其奇异值分解, 奇异值分解只在 (6.2.4) 中用到.

现在回到最优扩张, 我们可以看到

$$\hat{\rho} = \frac{\mathrm{tr}(X^{\mathrm{T}}YY^{\mathrm{T}}X)^{\frac{1}{2}}}{\mathrm{tr}(X^{\mathrm{T}}X)}.$$

R^2 的最小值

$$R^2 = \mathrm{tr}(Y^{\mathrm{T}}Y) - \frac{(\mathrm{tr}(X^{\mathrm{T}}YY^{\mathrm{T}}X)^{\frac{1}{2}})^2}{\mathrm{tr}(X^{\mathrm{T}}X)}$$

可以评估两个布局的匹配程度. 现在可以标度 R^2 的值, 如可以将上式除以 $\mathrm{tr}(Y^{\mathrm{T}}Y)$,

$$R^2 = 1 - \frac{(\mathrm{tr}(X^{\mathrm{T}}YY^{\mathrm{T}}X)^{\frac{1}{2}})^2}{\mathrm{tr}(X^{\mathrm{T}}X)\mathrm{tr}(Y^{\mathrm{T}}Y)}.$$

上式被称为 Procrustes 统计量.

算法 6.2.1　Procrustes 过程

1. 每个点都减去各自的均值向量, 使质心在原点.

2. 找到旋转矩阵

$$A = (X^{\mathrm{T}}YY^{\mathrm{T}}X)^{\frac{1}{2}}(Y^{\mathrm{T}}X)^{-1},$$

　　将布局 X 旋转到 XA.

3. 将 X 的每个坐标乘 ρ, 其中

$$\rho = \frac{\mathrm{tr}(X^{\mathrm{T}}YY^{\mathrm{T}}X)^{\frac{1}{2}}}{\mathrm{tr}(X^{\mathrm{T}}X)}.$$

4. 计算

$$R^2 = 1 - \frac{(\mathrm{tr}(X^{\mathrm{T}}YY^{\mathrm{T}}X)^{\frac{1}{2}})^2}{\mathrm{tr}(X^{\mathrm{T}}X)\mathrm{tr}(Y^{\mathrm{T}}Y)}.$$

6.2.1　Procrustes 分析练习

总结 Procrustes 分析中布局 Y 匹配布局 X 的过程, 下面以早餐谷物数据的分析为例进行说明.

图 6.2.1 是根据第 3 章中分析的早餐谷物数据画出的 2 维经典标度布局. 仍然用欧氏距离生成不相似性, 标度之后每个变量的范围是 [0,1].

B 的前两个特征值是 5.487 和 4.205, 这两个特征值占所有特征值之和的 54%.

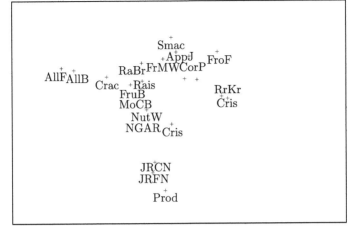

图 6.2.1　早餐谷物的经典标度

图 6.2.2 是一个非度量 MDS 布局, 注意到不同于第 3 章中用到变量的不同标度. 这里 STRESS 值为 14%. 图 6.2.3 显示了用 Procrustes 分析把非度量 MDS 布局和经典标度布局进行匹配. Procrustes 统计量的值为 0.102.

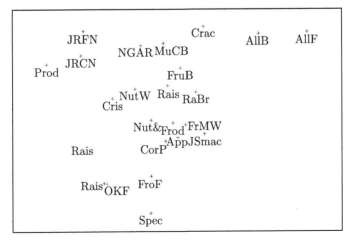

图 6.2.2　早餐谷物的非度量标度

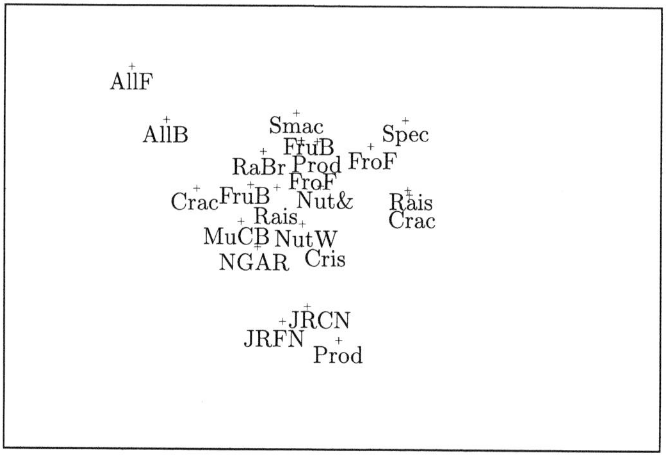

图 6.2.3　非度量 MDS 布局与 Procrustes 分析得到的经典标度布局相匹配

6.2.2　投影情况

Gower[51] 考虑 $p > q$ 的情况. 仍然需最小化

$$r^2 = \operatorname{tr}(Y - XA)(Y - XA)^{\mathrm{T}}$$

找到 A, 但 A 现在是 $p \times q$ 的投影矩阵. Green, Gower[56] 和 Gower[51] 提出下面的算法 6.2.2. 又见 Gower 和 Hand 的文章[53].

算法 6.2.2　投影矩阵情形的 Procrustes 算法

1. 给 Y 加 $(p - q)$ 列 0.

2. 用 Procrustes 方法将 X 与 Y 匹配, 给出一个 $p \times q$ 的旋转矩阵 A^*, 将 X 旋转至 XA^*.

3. XA^* 的后 $(p - q)$ 列代替 Y 的后 $(p - q)$ 列, 计算 R^2 的值.

4. 若 R^2 值达到最小, 则停止; 否则用当前的 Y, X 转至 2.

注: 矩阵 A 为 A^* 的前 q 列.

6.3 坐 标 校 准

坐标校准 (refinement step) 由文献 [44] 提出, 用于求解蛋白质分子重构问题时进行后处理. 给定两两间的距离 $\widetilde{d}_{ij}$, 原子的坐标可以由求解如下非凸问题得到,

$$\min_{x_1,\cdots,x_n\in R^3} \sum_{(i,j)\in N} (\|x_i - x_j\| - \widetilde{d}_{ij})^2 - \beta \sum_{i=1}^{n}\sum_{j=1}^{n} \|x_i - x_j\|^2. \qquad (6.3.1)$$

这里 $\beta > 0$, 第二项是惩罚项, 防止原子集中到一个点. 类似地, 如果已知的是距离的上下界,

$$\underline{d}_{ij}, \ \bar{d}_{ij}, \quad (i,j) \in N.$$

那么原子坐标可以通过求解如下问题得到,

$$\min_{x_1,\cdots,x_n\in R^3} \sum_{(i,j)\in N} ((\|x_i - x_j\| - \underline{d}_{ij})_-^2 + (\|x_i - x_j\| - \bar{d}_{ij})_+^2) - \beta \sum_{i=1}^{n}\sum_{j=1}^{n} \|x_i - x_j\|^2,$$
$$(6.3.2)$$

其中 $(t)_- = \min(t, 0)$, $(t)_+ = \max(t, 0)$, N 是某些 (i, j) 的集合.

这两个问题都是非凸问题, 文献 [44] 采用了梯度下降法进行求解. 问题 (6.3.1) 和 (6.3.2) 均有很多局部极小值点. 因此如果初始点 $X^0 = (x_1^0, \cdots, x_n^0)$ 不在一个好的局部极小值点附近, 那么得到的解可能不是一个很好的解. 但是我们可以将该问题的初始点设为由求解优化问题后得到的解, 然后在此基础上进一步提升解的质量. 数值实验表明, 在很多情况下, 坐标校准作为后处理可以进一步提高解的质量. 更多细节可参考文献 [44].

第 7 章　基于欧氏距离阵的模型

7.1　欧氏距离阵

给定一组点 $\{x_1, \cdots, x_n\}$, 其中, $x_i \in R^r$. 容易计算两两之间的距离的平方 $d_{ij} = \|x_i - x_j\|$, $i, j = 1, \cdots, n$. 矩阵 $D = (d_{ij}^2)$ 即为这组点的欧氏距离阵 (Euclidean distance matrix, EDM). 反之, 假设给定 D. 计算生成该矩阵的对应的点的过程即为前面所讨论过的经典度量多维标度方法 (cMDS). 那么, 给定一个矩阵 D, 如何判断它是否是欧氏距离阵呢?

有两种经典的方法. 第一种是 D 为欧氏距离阵当且仅当

$$\mathrm{diag}(D) = 0 \quad 且 \quad -JDJ \succeq 0. \tag{7.1.1}$$

其中 $\mathrm{diag}(D)$ 表示 D 的对角线元素构成的向量.

第二种是 D 为欧氏距离阵当且仅当 [112,139]

$$D_{ii} = 0, \quad i = 1, \cdots, n; \; D \in \mathcal{K}_-^n, \tag{7.1.2}$$

这里 $\mathcal{K}_-^n$ 是条件半负定锥, 定义为

$$\mathcal{K}_-^n = \{X \in \mathcal{S}^n : x^{\mathrm{T}} X x \leqslant 0, \forall \, x \in e^{\perp}\}.$$

这里 $e^{\perp}$ 是与 $e = (1, \cdots, 1)^{\mathrm{T}} \in R^n$ 正交的子空间. 嵌入维数 r 为

$$r = \mathrm{rank}(JDJ).$$

两种刻画的不同在于, 第一种刻画欧氏距离阵是对称半定锥 $\mathcal{S}_+^n$ 的边界, 因 $\mathrm{rank}(JDJ) \leqslant n-1$, 即欧氏距离阵不是可行域的严格内点. 第二种刻

画则保证了存在欧氏距离阵, 是可行域的严格内点. 从而第二种刻画保证了 Slater 条件的成立 [101].

记 $\Pi_{\mathcal{K}_-^n}(Y)$ 为 $Y \in \mathcal{S}^n$ 向锥 $\mathcal{K}_-^n$ 的正交投影. 则由文献 [47, Eq. 29] 知

$$\Pi_{\mathcal{K}_-^n}(Y) = Y - \Pi_{\mathcal{S}_+^n}(JYJ), \quad \forall\, Y \in \mathcal{S}^n, \tag{7.1.3}$$

其中, $\Pi_{\mathcal{S}_+^n}(Z)$ 表示 Z 向对称半定锥 $\mathcal{S}_+^n$ 的正交投影.

7.2 度量多维标度方法的欧氏距离阵模型

文献 [101] 提出了如下基于欧氏距离阵的模型求解 MDS, 其中 $\Delta \in \mathcal{S}^n$ 已知,

$$\begin{cases} \min_{D \in \mathcal{S}^n} & \dfrac{1}{2}\|D - \Delta\|_F^2 \\ \text{s.t.} & D_{ii} = 0,\ i = 1, \cdots, n, \\ & D \in \mathcal{K}_-^n. \end{cases} \tag{7.2.1}$$

其 Lagrange 对偶问题为

$$\min_{\boldsymbol{y} \in R^n} \quad \theta(y) = \frac{1}{2}\|\Pi_{\mathcal{K}_-^n}(\Delta + \mathrm{Diag}(y))\|^2. \tag{7.2.2}$$

这是个无约束问题, 因此求解该问题等价于求解

$$\nabla \theta(y) = \mathrm{Diag}(\Pi_{\mathcal{K}_-^n}(\Delta + \mathrm{Diag}(y))) = 0.$$

这是一个非光滑的方程组, 文献 [101] 设计了半光滑牛顿算法求解如上方程组, 并证明了算法的二次收敛速度. 实际上, (7.2.3) 也可以看作一个条件半正定规划问题, 关于这方面的研究课参见文献 [102].

该算法可以进一步用来求解如下的带有等式约束的优化问题:

$$
\begin{cases}
\min\limits_{D \in \mathcal{S}^n} & \dfrac{1}{2}\|D - \Delta\|_F^2 \\[2mm]
\text{s.t.} & D_{ii} = 0, \ i = 1, \cdots, n, \\[2mm]
& D_{ij} = d_{ij}^2, \ (i, j) \in \mathcal{C}, \\[2mm]
& D \in \mathcal{K}_-^n,
\end{cases}
\tag{7.2.3}
$$

其中, $\mathcal{C}$ 为等式约束的下标集合.

在文献 [103] 中, Qi 和 Yuan 提出了如下的最佳嵌入维数的欧氏距离阵模型:

$$
\begin{cases}
\min\limits_{D \in \mathcal{S}^n} & \dfrac{1}{2}\|D - \Delta\|_F^2 \\[2mm]
\text{s.t.} & D_{ii} = 0, \ i = 1, \cdots, n, \\[2mm]
& D \in \mathcal{K}_-^n, \\[2mm]
& \operatorname{rank}(JDJ) \leqslant r.
\end{cases}
\tag{7.2.4}
$$

为了处理非凸的秩约束, 文献 [103] 中采用了罚方法将秩约束罚到目标函数上, 并采用了优超函数的思想进行求解.

7.3　非度量多维标度方法的欧氏距离阵模型

在文献 [84] 中, Li 和 Qi 提出了如下的求解非度量多维标度问题的欧氏距离阵模型:

$$
\begin{cases}
\min\limits_{D \in \mathcal{S}^n} & \dfrac{1}{2}\|D - \Delta\|^2 \\[2mm]
\text{s.t.} & \operatorname{diag}(D) = 0, \ D_{ij} \leqslant D_{kl}, \quad (i, j, k, l) \in \mathcal{C}, \\[2mm]
& D \in \mathcal{K}_-^n,
\end{cases}
\tag{7.3.1}
$$

其中 $\mathcal{C}$ 为序约束的下标集合. 记

$$\mathcal{A}(Y) := \begin{pmatrix} \langle A_i, Y \rangle \\ \vdots \\ \langle A_{p+q}, Y \rangle \end{pmatrix} = \begin{pmatrix} \langle \mathcal{A}_1, Y \rangle \\ \langle \mathcal{A}_2, Y \rangle \end{pmatrix} = \begin{pmatrix} \mathrm{diag}(Y) \\ (Y_{ij} - Y_{kl})_{(i,j,k,l) \in \mathcal{C}} \end{pmatrix}, \quad b = \mathbf{0} \in R^{p+q},$$

其中 $p = n$, q 分别是线性等式约束和不等式约束的个数. 伴随算子 $\mathcal{A}^*$: $R^{p+q} \to \mathcal{S}^n$ 定义为 $A^* y = \sum_{i=1}^{p+q} y_i A_i$. 则 (7.3.1) 可等价写为

$$\begin{cases} \min_{D \in \mathcal{S}^n} & \frac{1}{2} \|D - \Delta\|^2 \\ \mathrm{s.t.} & \mathcal{A}(D) - b \in \mathcal{Q} := \{\mathbf{0}\}^p \times R_+^q, \\ & D \in \mathcal{K}_-^n. \end{cases} \tag{7.3.2}$$

其对偶问题为

$$\begin{cases} \min_{y \in R^{p+q}} & \theta(y) = \|\Pi_{\mathcal{K}_-^n}(\Delta + \mathcal{A}^* y)\|^2 - y^{\mathrm{T}} b \\ \mathrm{s.t.} & y \in \mathcal{Q}^* := R^p \times R_+^q, \end{cases} \tag{7.3.3}$$

若 y^* 是问题 (7.3.3) 的最优解, 则问题 (7.3.2) 的最优解为 $D^* = \Pi_{\mathcal{K}_-^n}(\Delta + \mathcal{A}^* y^*)$. 注意到 $\theta(\cdot)$ 是凸函数而且连续可微. 其梯度为

$$\nabla \theta(y) = \mathcal{A}(\Pi_{\mathcal{K}_-^n}(\Delta + \mathcal{A}^* y)) - b = \mathcal{A}(\Delta + \mathcal{A}^* y - \Pi_{\mathcal{S}_+^n}(J(\Delta + \mathcal{A}^* y)J)) - b. \tag{7.3.4}$$

由于问题 (7.3.3) 是凸的, 因而等价于求解其 KKT 条件

$$(\nabla \theta(y))_i \geqslant 0, \quad i = p+1, \cdots, p+q,$$

$$y \in \mathcal{Q}^*, \quad \langle y, \nabla \theta(y) \rangle = 0.$$

利用 $t_+ := \max(0, t)$, 上述 KKT 条件可等价于[42]

$$F(y) := y - \Pi_{\mathcal{Q}^*}(y - \nabla \theta(y)) = 0, \tag{7.3.5}$$

其中 $\Pi_{\mathcal{Q}^*}(\boldsymbol{x}) : R^{p+q} \mapsto R^{p+q}$ 定义为

$$\left(\Pi_{\mathcal{Q}^*}(\boldsymbol{x})\right)_i = \begin{cases} x_i, & i = 1, \cdots, p, \\ (x_i)_+, & i = p+1, \cdots, p+q. \end{cases} \tag{7.3.6}$$

文献 [84] 采用非精确光滑化牛顿算法求解该非光滑方程组.

举一个简单例子说明光滑化牛顿法的有效性. 设有 4 个点, $\Delta_{12} = \Delta_{14} = 2$, $\Delta_{13} = \Delta_{15} = 4$. 假设真实距离均为 1. 与真实距离相比, 所观测到的 Δ 的误差很大. 采用了不同的方法来计算点的坐标, 得到图 7.3.1(b)—(f) 中的点的位置. 可以看到光滑化牛顿法基本能够恢复原来点的位置, 这是因为在求解过程中, 我们加入了如下的序约束,

$$D_{13} \leqslant D_{12}, \quad D_{13} \leqslant D_{14}, \quad D_{15} \leqslant D_{12}, \quad D_{15} \leqslant D_{14}.$$

可以看到, 在真实点的距离中, 如上约束满足. 然而, 给出的观测矩阵却不满足. 因此加入了序约束后可以使得问题的解的质量明显提升.

可以看到, 序约束在欧氏距离阵模型 (7.3.1) 中自然而然地以线性不等式约束的形式体现. 这种方式要求序约束严格满足, 因此可以看作是一种硬约束的方式. 然而, 在实际问题中, 由于噪声等原因的影响, 要求序约束严格满足不见得合理. 在有些情形下需要软约束. Li 和 Cao[83] 基于该观察提出了如下软约束非度量多维标度模型, 成为带序权重的欧氏距离阵模型,

$$\begin{cases} \min\limits_{D \in \mathcal{S}^n} & \dfrac{1}{2}\|W \circ (D - \Delta)\|_F^2 \\ \text{s.t.} & \operatorname{diag}(D) = 0, \quad D \in \mathcal{K}_-^n, \\ & \operatorname{rank}(JDJ) \leqslant s. \end{cases} \tag{7.3.7}$$

其中 W 是权重矩阵, 其元素非负, 且满足如下保序性质:

$$W_{ij} > W_{kl}, \quad (i, j, k, l) \in \mathcal{C}.$$

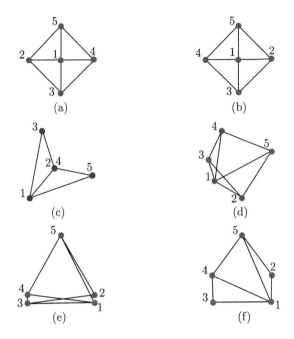

图 7.3.1 具有大噪声影响的网络

(a) 真实网络; (b) 光滑化牛顿法; (c) 半光滑化牛顿法[101]; (d) cMDS (Matlab built-in

function cmdscale); (e) nMDS (Matlab built-in function mdscale); (f) Matlab built-in

function cmdscale, 参数设置为 metricsstress

(7.3.7) 模型的好处在于隐式地处理序约束, 因而避免了大规模序约束导致的对偶问题规模过大的情况. 该模型可以用文献 [103] 中的优超罚方法快速求解. 其他相关最新进展可参见文献 [89].

7.4 稳健 MDS 的欧氏距离阵模型

文献 [142] 考虑了求解稳健 MDS 的欧氏距离阵模型:

$$\min_{x_1,\cdots,x_n} \quad f(x_1,\cdots,x_n) = \sum_{i<j} W_{ij}|D_{ij} - \Delta_{ij}|. \tag{7.4.1}$$

引入欧氏距离阵, 可将问题等价写为

$$\begin{cases} \min\limits_{D \in \mathcal{S}^n} & \sum\limits_{i<j} W_{ij}|D_{ij} - \Delta_{ij}| \\ \text{s.t.} & \text{diag}(D) = 0, \quad D \in \mathcal{K}_+^n(r), \end{cases} \tag{7.4.2}$$

一个更一般的模型为

$$\begin{cases} \min\limits_{D \in \mathcal{S}^n} & f(D) := \sum\limits_{i<j} W_{ij}|D_{ij} - \Delta_{ij}| \\ \text{s.t.} & \text{diag}(D) = 0, \quad D \in \mathcal{K}_+^n(r), \\ & L \leqslant D \leqslant U. \end{cases} \tag{7.4.3}$$

其中 $L, U \in \mathcal{S}^n$ 为 D 的上下界. 其中, $D \in \mathcal{K}_-^n(r)$ 为非凸约束. 记

$$B = \{X \in \mathcal{S}^n : \ L \leqslant X \leqslant U\}.$$

则上述问题可以等价写为

$$\begin{cases} \min\limits_{D \in \mathcal{S}^n} & f(D) \\ \text{s.t.} & D \in \mathcal{K}_+^n(r) \bigcap B. \end{cases} \tag{7.4.4}$$

记

$$g(D) = \frac{1}{2}\|D + \Pi_{K_n^+(r)}(-D)\|_F^2.$$

文献 [142] 采用了罚方法求解. 罚方法求解的子问题为

$$\begin{cases} \min\limits_{D \in \mathcal{S}^n} & f(D) + \rho g(D) \\ \text{s.t.} & D \in B. \end{cases} \tag{7.4.5}$$

这里 $\rho > 0$ 是罚参数. 注意到

$$\frac{1}{2}\|D + \Pi_{K_n^+(r)}(-D)\|_F^2$$
$$= \frac{1}{2}\|D\|^2 - \frac{1}{2}\|\Pi_{K_n^+(r)}(-D)\|^2 := \frac{1}{2}\|A\|^2 - h(-D)$$

和

$$\Pi_{K_n^r(r)}(A) \in \partial h(A),$$

因此可以采用优超函数的思想求解如下子问题:

$$\begin{cases} \min_{D \in \mathcal{S}^n} & f(D) + \dfrac{\rho}{2}\|D\|^2 + \rho\langle \Pi_{K_n^+(r)}(-Z), D - Z\rangle \\ \text{s.t.} & D \in B. \end{cases} \quad (7.4.6)$$

得到的子问题可以转化为若干个 1 维问题, 可以得到子问题的显式表达式. 更多细节可参见文献 [142].

第8章 应用: 图像排序

8.1 图 像 排 序

近年来, 随着网络图片的不断增多, 图像检索领域一直备受研究人员们的关注, 在相应的各个领域都有许多的开发与应用. 图像排序是图像检索领域十分重要的一个方法. 它是基于一组已知排序的图片对剩余待测图片进行排序. 图像排序的两个关键点是, 一是如何确定待测图片所属的类别, 二是如何找到每个类别中与之最贴切的图片. 首先为解决第一类问题, 保序回归 (ordinal regression) 通常作为一种行之有效的办法被人们所考虑, 可以参考文献 [100],[104],[135]. 但为满足第二个关键点, 仅仅是保序回归方法并不能实现. 因为待测集与测试集拥有相同的类别需要被进一步分类. 注意到, 现实图片之间的距离往往和它们对应的类别的差距不一致. 举个例子, 设图片是人脸, 每个图片的标签是年龄. 那么有可能三岁和十岁的图片之间的距离比三岁和五十岁图片的距离要大. 而我们所期望的是三岁和五岁图片的距离比三岁与五十岁图片的距离小. 在这种情况下, 图片的欧氏距离阵不能满足目前的要求, 因此, 需要寻找一个新的度量矩阵 A, 使得图片在新的度量下的距离能够满足我们的要求. 这样, 对于新的检测图片, 其类别的划分可依据新的度量下的距离进行归类.

图像排序的数学描述如下. 假设 $\mathcal{X} = \{(x_i, r_i) : i = 1, \cdots, n\}$ 是训练集, 其中 $x_i \in R^d$ $(i = 1, \cdots, n)$ 是从样本中所提取到的数据, $r_i \in$

R ($i = 1, \cdots, n$) 是每个样本的标签, 并且带有顺序. n 是训练集的样本编号. 我们需要寻找距离矩阵 A, 使得两个点在新的度量 A 下的距离定义为

$$d_A(x_i, x_j) = \|x_i - x_j\|_A = \sqrt{(x_i - x_j)^{\mathrm{T}} A(x_i - x_j)},$$

其中 $A \in \mathcal{S}^d$ 是对称半正定矩阵. 依据我们的分析, A 需要满足的性质是保持数据的排序特征, 即对于 x_i, x_j, 且 $r_i \neq r_j$, 若 $|r_i - r_j|$ 小, 那么 $d_A(x_i, x_j)$ 也小. 更具体地说,

$$d_A(x_i, x_j) > d_A(x_j, x_k), \quad \text{若} |r_i - r_j| > |r_j - r_k|. \tag{8.1.1}$$

其次, 对于同一类图像, 其两两的距离能够尽量在 A 下保持. 即

$$d_A(x_i, x_j) \approx d_{I_d}(x_i, x_j), \quad \text{若} r_i = r_j. \tag{8.1.2}$$

其中 I_d 为 $d \times d$ 单位阵.

我们称 (8.1.1) 为保序性质, (8.1.2) 为局部性质.

8.2 DML-MDS 方法

带有 MDS 的保序度量学习法 (ordinal distance metric learning with MDS, DML-MDS) 是由 Yu 和 Li[140] 提出的. 该方法将经典多维标度方法与保序度量学习结合, 用于求解图像排序. 该方法分为如下三个步骤.

第一步. 分解　$A = L^{\mathrm{T}}L$, 其中 $L \in R^{s \times d}$. 通过分解, 可以将问题转化为求 L. 这样就避免了对称半正定的约束. 同时, 引入 s, 可以允许低秩矩阵 A 的情形, 有利于降低计算量. L 可以看作是由原来的图像空间到新空间 R^s 的一个线性变换. 因此, 对于在度量 A 下的距离变为在线

性变换 L 下点的距离. 即在新空间中的点的距离.

$$d_A(x_i, x_j) = \sqrt{(x_i - x_j)^{\mathrm{T}} L^{\mathrm{T}} L (x_i - x_j)}$$

$$= \|L(x_i - x_j)\| : = d^L(x_i, x_j). \tag{8.2.1}$$

我们称新空间 R^s 为图像的嵌入空间 (embedding space). x_i 在 L 变换下的点 Lx_i 称为 x_i 的嵌入点. 而对 A 的性质的要求也可以相应转化为对 L 的性质的要求. 即 L 需要满足保序性质和局部性质,

$$\|Lx_i - Lx_j\| > \|Lx_i - Lx_k\|, \text{ 若 } |r_i - r_j| > |r_i - r_k|, \; r_i \neq r_j, \; r_i \neq r_k, \; r_j \neq r_k. \tag{8.2.2}$$

$$d_A(x_i, x_j) \approx d_{I_d}(x_i, x_j), \quad \text{若 } r_i = r_j, \; x_j \text{ 是 } x_i \text{ 的目标近邻}. \tag{8.2.3}$$

第二步. 应用 cMDS 为了应用 cMDS 得到嵌入空间中的点的估计, 我们需要构造一个欧氏距离阵. 一个直观的方法是将所有同一类别的图像看作一个点, 仅利用标签来计算它们之间的距离. 即定义 D 如下:

$$D_{ij} = \begin{cases} (|r_i - r_j| + \beta)^2, & r_i \neq r_j, \\ 0, & \text{其他}. \end{cases} \tag{8.2.4}$$

这样得到的欧氏距离阵满足保序性质. 可以证明 [140], 当 β 在一定范围内取值时, 得到的 D 是一个欧氏距离阵. 此时可以对 D 应用 cMDS, 计算得到嵌入点的估计 $\{y_1, \cdots, y_n\}$.

第三步. 匹配两组点 将两组点 $\{x_1, \cdots, x_n\}$ 和 $\{y_1, \cdots, y_n\}$ 进行匹配, 来学习得到 L. 我们希望 L 具有性质 (8.2.2) 和 (8.2.3). 因此构造如下优化问题:

$$\min_{L \in R^{s \times d}, c \in R} f(L, c) := \frac{1}{2} \sum_{i=1}^{n} \|Lx_i - cy_i\|^2 + \mu \sum_{\eta_{ij}=1} ((d^L(x_i, x_j))^2$$

$$- d_{I_d}^2(x_i, x_j))^2, \tag{8.2.5}$$

其中 η_{ij} 定义为

$$\eta_{ij} = \begin{cases} 1, & x_j \text{ 是 } x_i \text{ 的目标近邻}, \\ 0, & \text{否则}. \end{cases} \tag{8.2.6}$$

其中 $c \in R$ 起到调节作用.

优化问题 (8.2.5) 是一个非凸优化模型. 尽管如此, 它仍有自己的优点. 首先, 如前所述, 避免了对称半正定的约束, 因而这是一个无约束优化问题. 通过对 s 的恰当选择, 可以减少计算量, 降低计算复杂度. 更重要的是, 通过对 A 的分解, 我们可以对该问题有更加深刻的理解. 可以看作是求一个原空间到新空间的线性变换. 对于该模型, 我们采用经典的最速下降法求解, 并且步长采用 Armijo 搜索策略确定. 算法细节如下.

算法 8.2.1   cMDS-DML算法

0. 给定训练集 $x_1, \cdots, x_n \in R^d$, 及其标签 $r_1, \cdots, r_n$.

   初始化: $L^0 = (e_1, \cdots, e_s)^{\mathrm{T}} \in R^{s \times d}$, $c_0 = 1$.

   参数: $\mu, \epsilon > 0$, $\sigma \in (0, 1)$, $\rho \in (0, 1)$, $\gamma > 0$, $k = 0$.

1. 计算欧氏距离阵 D, 见 (8.2.4).

2. 应用 cMDS 得到嵌入点的估计 $y_1, \cdots, y_n \in R^s$.

3. 在原空间 R^d 中对每个点搜索 K 近邻.

4. 计算 $\nabla f(L^k, c_k)$. 若 $\|\nabla f(L^k, c_k)\| \leqslant \epsilon$, 停止; 否则, 令 $d^k = -\nabla f(L^k, c_k)$, 转 5.

5. 采用 Armijo 搜索确定步长 $\alpha_k = \gamma \rho^{m_k}$, 其中 m_k 是满足如下条件的最小正整数,

   $$f((L^k, c_k) + \gamma \rho^m d^k) - f(L^k, c_k) \leqslant \sigma \gamma \rho^m \nabla f(L^k, c_k)^{\mathrm{T}} d^k.$$

6. 令 $(L^{k+1}, c_{k+1}) = (L^k, c_k) + \alpha_k d^k$, $k = k + 1$, 转 4.

8.3　基于 nMDS 的方法

注意到在 DML-MDS 方法中, D 的构造是将每个数据点的标签作为代表来计算距离. 这样忽略了不同数据点在图像本身部分产生的距离的不同. 因此很自然地可以考虑是否能选取更合适的欧氏距离阵来代表不同数据之间的距离.

另外, 在 DML-MDS 方法中, 通过对 A 的分解, 我们还可以将 L 看作是线性核函数, 它将数据从原空间 R^d 映射到核空间 R^s. 而考虑到 L 还需要保持序的特性, 因此, 在核空间中求解嵌入点的问题可以理解为非度量多维标度问题. 因此, 我们可以引入非度量多维标度问题的优化模型来求解嵌入点的估计. 所以, 我们在 DML-MDS 的基础上, 提出了基于 NMDS 的图像排序算法[83]. 注意到对于欧氏距离阵 D 来说, 其元素 D_{ij} 在理想情形下是 Lx_i 和 Lx_j 的距离. 即 $D_{ij} = \|Lx_i - Lx_j\|^2$. 因此, D 需要具备与 L 相对应的保序性质和局部性质. 具体如下,

$$D_{ij} > D_{kl}, \quad 若 |r_i - r_j| > |r_k - r_l|, \; r_i \neq r_j, \; r_k \neq r_l, \tag{8.3.1}$$

$$D_{ij} \approx \|x_i - x_j\|^2, \quad 若 r_i = r_j. \tag{8.3.2}$$

算法的框架如下.

算法 8.3.1　基于 nMDS 的算法框架

1. 通过 nMDS 学习一个 $D \in \mathcal{S}^n$ 满足性质 (8.3.1) 和 (8.3.2).

2. 对 D 用 cMDS 得到 $y_1, \cdots, y_n \in R^s$.

3. 将这两组点 x_i 和 y_i $(i = 1, \cdots, n)$ 来学习得到 L.

接下来给出两种计算 D 的方式.

方式一 直接利用前面所述的 nMDS 的待续权重的欧氏距离阵模型. 令 $\Delta \in \mathcal{S}^n$ 为给定的观测矩阵. 我们需要找到一个欧氏距离阵, 它离 Δ 最近, 且满足序约束. 因此得到模型 (7.3.7), 其中 W 为权重矩阵, 且满足如下的保序性质.

$$W_{ij} > W_{kl}, \quad \text{若 } |r_i - r_j| > |r_k - r_l|, \, r_i \neq r_j, \, r_k \neq r_l. \tag{8.3.3}$$

通过合理设计 W 中的元素, D 的保序性质可以以软约束的形式体现在模型中. 一种 W 的取法如下:

$$W_{ij} = (|r_i - r_j| + 1)^\rho, \quad i, j = 1, \cdots, n,$$

其中 $\rho > 0$ 为参数. 显然可以验证如上定义的 W 满足保序性质 (8.3.3).

同时, 对 Δ 进行恰当的构造, 可以实现 D 的局部性质. 下面列举了集中 Δ 的构造方式:

(i) $\delta_{ij} = \|x_i - x_j\|$;

(ii) $\delta_{ij} = \|x_i - x_j\| + \epsilon_{ij}$;

(iii) $\delta_{ij} = \|x_i - x_j\| + |r_i - r_j|$;

(iv) $\delta_{ij} = \|\bar{x}_i - \bar{x}_j\|$;

其中 ϵ_{ij} 是随机生成的数, 满足标准正态分布,

$$\bar{x}_i = \begin{pmatrix} x_i \\ r_i \end{pmatrix} \in R^{d+1}, \quad i = 1, \cdots, n. \tag{8.3.4}$$

方式二 根据前面的分析, 可以考虑构造 D, 但需要将图片信息考虑进去. 因此我们将 x_i 与 r_i 合在一起作为图片的信息, 加入一个 c 来调节图片部分和标签部分所占的比重. 同时, 由于欧氏距离不一定具有

保序性质, 因此我们考虑更一般的 p 范数来度量距离. 由此得到如下方式计算 D:

$$D_{ij} = \begin{cases} c\|x_i - x_j\|_p^\gamma + |r_i - r_j| + \beta, & i \neq j, \\ 0, & \text{其他}. \end{cases} \tag{8.3.5}$$

这里

$$\|x\|_p = \left(\sum_{i=1}^d |x_i|^p \right)^{\frac{1}{p}}. \tag{8.3.6}$$

其中 $c \geqslant 0$, $p \geqslant 0$, $\gamma \geqslant 0$, β 均为参数. 下面定理说明, 在一定条件下, 如上定义的 D 是一个欧氏距离阵.

定理 8.3.1 设 $p \in (0, 2]$, $\gamma \in \left(0, \dfrac{p}{2}\right]$, $c \geqslant 0$, $\beta \geqslant 0$. 则由 (8.3.5) 确定的 D 是一个欧氏距离阵.

定义

$$\underline{D}^{(x)} = \min_{i \neq j} D_{ij}^{(x)}, \quad \bar{D}^{(x)} = \max_{i \neq j} D_{ij}^{(x)}. \tag{8.3.7}$$

令

$$\delta(r) = \min \left\{ |r_i - r_j| - |r_k - r_l| \ : \ r_i \neq r_j, \ r_k \neq r_l, |r_i - r_j| > |r_k - r_l| \right\}. \tag{8.3.8}$$

定理 8.3.2 若 $0 \leqslant c < \dfrac{\delta(r)}{\bar{D}^{(x)} - \underline{D}^{(x)}}$, 则由 (8.3.5) 定义的 D 保持 (8.3.1) 中的保序性质.

8.4 数值实验结果

数值实验部分比较了 DML-MDS 及 nMDS 方法对图像排序的结果, 选择的两组数据集为 FG-NET 和 MRSA-MM. 部分 FG-NET 的图片如图 8.4.1 所示.

关于该方法的进一步改进可参见文献 [83].

表 8.4.1　FG-NET 数据集上的结果

K		cMDS-DML	nMDS1	nMDS2
4	MAE	0.782	0.731	0.751
	std	0.120	0.159	0.186
	t	0.4	0.5	0.3
5	MAE	0.772	0.723	0.732
	std	0.108	0.168	0.185
	t	0.5	0.5	0.4
6	MAE	0.770	0.718	0.737
	std	0.109	0.157	0.182
	t	0.6	0.6	0.4

表 8.4.2　MSRA-MM 数据集上的结果

K		cMDS-DML	nMDS1	nMDS2
4	MAE	0.788	0.716	0.675
	std	0.123	0.074	0.059
	t	1.0	2.7	1.2
5	MAE	0.789	0.702	0.678
	std	0.129	0.071	0.052
	t	1.2	3.0	1.4
6	MAE	0.779	0.723	0.673
	std	0.131	0.078	0.055
	t	1.4	3.3	1.7

图 8.4.1　FG-NET 数据中的部分例子

第 9 章　应用：蛋白质分子重构

9.1　问 题 描 述

蛋白质分子重构问题是生物领域和数学领域共同关注的一个重要问题. 蛋白质分子由上千甚至上万个原子构成. 蛋白质的不同功能主要是由其不同的分子结构所确定. 因此蛋白质分子重构至关重要. 然而, 实际能观测到的数据只有某些原子之间距离的上下界, 或者是原子距离的某个近似值. 因此该问题的数学描述如下. 设 n 为蛋白质中原子的数目. 蛋白质分子重构问题是需要找到原子的位置 $x_1, \cdots, x_n \in R^3$. 记 d_{ij} 为 x_i 和 x_j 之间的欧氏距离, 即 $d_{ij} = \|x_i - x_j\|$. 已知的数据是某些距离的扰动 δ_{ij}, 及某些 d_{ij} 的上下界, 即 l_{ij} 和 u_{ij}. 记 $\mathcal{M}$ 为观测到的扰动距离的指标集, $\mathcal{N}$ 为上下界的指标集. 则已知信息可描述为

$$\delta_{ij} \approx d_{ij}, \quad (i,j) \in \mathcal{M}$$

和

$$l_{ij} \leqslant d_{ij} \leqslant u_{ij}, \quad (i,j) \in \mathcal{N}. \tag{9.1.1}$$

关于该问题已经有很多优秀的研究工作, 如 DGSOL[97], 分支定界算法 (Branch-and-prune algorithm[86]), 分布式无锚点图定位算法 (distributed anchor free graph localization algorithm, DAFGL)[12], 分布式重构算法 (distributed conformation algorithm, DISCO)[82] 及加强 DISCO (the enhanced DISCO, eDisco)[44], 追近点算法[70], 优超罚方法 (majorized penalty method)[141] 等. 下面主要介绍基于欧氏距离阵模型的优超罚方法.

9.2 欧氏距离阵模型

注意到已知的信息实际上均与 d_{ij} 相关, 要么是 d_{ij} 的上下界, 要么是其的一个扰动. 注意到在欧氏距离矩阵中的元素 $D_{ij} = d_{ij}^2$, 因此可以建立如下基于欧氏距离阵的优化模型.

$$\begin{cases} \min_{D \in \mathcal{S}^n} & \frac{1}{2}\|H \circ (D - \Delta)\|^2 \\ \text{s.t.} & D \text{ 是 EDM}, \\ & l_{ij}^2 \leqslant D_{ij} \leqslant u_{ij}^2, \ (i,j) \in \mathcal{N}, \\ & \text{rank}(JDJ) \leqslant 3, \end{cases} \qquad (9.2.1)$$

其中 $H \in \mathcal{S}^n$ 是非负权重矩阵, Δ 是已知的给定的观测矩阵, "$\circ$" 代表 Hardamard 乘积. 采用 (7.1.2) 中关于欧氏距离阵的刻画, 可得到如下模型:

$$\begin{cases} \min_{D \in \mathcal{S}^n} & \frac{1}{2}\|H \circ (D - \Delta)\|^2 \\ \text{s.t.} & \text{diag}(D) = 0, \ D \in \mathcal{K}_-^n, \\ & l_{ij}^2 \leqslant D_{ij} \leqslant u_{ij}^2, \ (i,j) \in \mathcal{N}, \\ & \text{rank}(JDJ) \leqslant 3. \end{cases} \qquad (9.2.2)$$

由 (9.2.2) 得到 D 后, 我们可以用 cMDS 得到嵌入点 $y_1, \cdots, y_n$, 即为分子位置 $x_1, \cdots, x_n$ 的估计.

由于含有秩约束, 模型 (9.2.2) 是个非凸优化问题. 我们采用文献 [103] 中的优超罚方法处理秩约束. 具体在下一节中给出.

9.3 优超罚方法

优超罚方法的主要思想在于将秩约束罚到目标函数中, 然后才用优超函数的思想, 逐步进行优化.

为方便描述, 首先定义线性算子 $\mathcal{A}: \mathcal{S}^n \to R^n$ 为

$$\mathcal{A}(X) = \mathrm{Diag}(X).$$

$\mathcal{A}^*$ 为其伴随算子, 定义为

$$\mathcal{A}^* x = \mathrm{Diag}(x).$$

记 $\mathcal{P}$ 为

$$\mathcal{P} = \{X \in \mathcal{S}^n \mid l_{ij}^2 \leqslant X_{ij} \leqslant u_{ij}^2, \ (i,j) \in \mathcal{N}\}.$$

问题 (9.2.2) 可写为如下一般形式:

$$\begin{cases} \min\limits_{D \in \mathcal{S}^n} & \dfrac{1}{2}\|H \circ (D - \Delta)\|^2 \\ \mathrm{s.t.} & \mathcal{A}(D) = 0, \\ & D \in \mathcal{K}_-^n, \\ & D \in \mathcal{P}, \\ & \mathrm{rank}(JDJ) \leqslant r, \end{cases} \tag{9.3.1}$$

其中 $r = 3$. 为了处理秩约束, 我们求解如下罚问题

$$\begin{cases} \min\limits_{D \in \mathcal{S}^n} & \dfrac{1}{2}\|H \circ (D - \Delta)\|^2 + cq(D) := f(D) + cq(D) \\ \mathrm{s.t.} & \mathcal{A}(D) = 0, \\ & D \in \mathcal{K}_-^n, \\ & D \in \mathcal{P}, \end{cases} \tag{9.3.2}$$

其中 $c > 0$ 为罚参数, $q(D)$ 是 $\mathrm{rank}(JDJ) \leqslant r$ 的罚函数, 可如下给出,

$$q(D) = p(S^{1/2} J_s D J_s^{\mathrm{T}} S^{1/2}), \quad p(D) := \langle I, D \rangle - \sum_{i=1}^{r} \lambda_i(D),$$

这里,

$$J_s := I - es^{\mathrm{T}}, \quad S = \mathrm{Diag}(s), \quad s \in R^n.$$

$\lambda_i(D)$ 是 D 的第 i 个最大特征值. 注意到 $J = I - \dfrac{1}{n}ee^{\mathrm{T}}$. 对任意的 $s \in R^n$, 由于 $J_s J = J_s$ 及 $JJ_s = J$, 故有

$$\mathrm{rank}(J_s D J_s^{\mathrm{T}}) = \mathrm{rank}(J_s J D J J_s^{\mathrm{T}}) \leqslant \mathrm{rank}(JDJ)$$

$$= \mathrm{rank}(JJ_s D J_s^{\mathrm{T}} J) \leqslant \mathrm{rank}(J_s D J_s^{\mathrm{T}}).$$

因此有 $\mathrm{rank}(J_s D J_s^{\mathrm{T}}) = \mathrm{rank}(JDJ)$. 在我们的算法里, 选取 $s = w/\left(\sum\limits_{i=1}^{n} w_i\right)$. 注意到当 $w = e$ 时, $q(D)$ 退化到 $p(JDJ)$.

为了求解问题 (9.3.2), 我们采用优超函数的思想. 函数 $f(D)$ 在 D^k 处的优超函数可如下给出,

$$m_k^f(D) = f(D^k) + \langle H \circ H \circ (D^k - \Delta), D - D^k \rangle$$

$$+ \frac{1}{2}\|W^{\frac{1}{2}}(D - D^k)W^{\frac{1}{2}}\|^2,$$

其中,

$$w_i = \max\{\tau, \max\{H_{ij}, j = 1, \cdots, n\}\}, \quad i = 1, \cdots, n; \ W = \mathrm{Diag}(w).$$

很容易验证, 优超函数满足如下条件:

$$m_k^f(D^k) = f(D^k), \quad m_k^f(D) \geqslant f(D), \quad \forall D \in \mathcal{S}^n.$$

$q(D)$ 在 D^k 处的优超函数为

$$m_k^q(D) = q(D^k) + \langle W^{\frac{1}{2}}(J^w(I - U^k)J^w)W^{\frac{1}{2}}, D - D^k \rangle,$$

其中 $J^w = I - w^{\frac{1}{2}}(w^{\frac{1}{2}})^{\mathrm{T}}/\left(\sum\limits_{i=1}^{n} w_i\right)$, $U^k = P_1^k(P_1^k)^{\mathrm{T}}$, P_1^k 是 P^k 的前 r 列, 且

$$J^w \widetilde{D}^k J^w = P^k \mathrm{Diag}(\lambda_1^k, \cdots, \lambda_n^k)(P^k)^{\mathrm{T}},$$

$$\widetilde{D}^k = W^{\frac{1}{2}} D^k W^{\frac{1}{2}}, \quad \lambda_1^k \geqslant \cdots \geqslant \lambda_n^k.$$

因此得到优超子问题为

$$
\begin{cases}
\min\limits_{D \in \mathcal{S}^n} & m_k^f(D) + c m_k^q(D) \\
\text{s.t.} & \mathcal{A}(D) = 0, \\
& D \in \mathcal{K}_-^n, \\
& D \in \mathcal{P}.
\end{cases}
\tag{9.3.3}
$$

经计算, 问题 (9.3.3) 具有如下形式:

$$
\begin{cases}
\min\limits_{D \in \mathcal{S}^n} & \dfrac{1}{2} \| W^{\frac{1}{2}}(D - \varDelta^k) W^{\frac{1}{2}} \|^2 \\
\text{s.t.} & \mathcal{A}(D) = 0, \\
& D \in \mathcal{K}_-^n, \\
& D \in \mathcal{P},
\end{cases}
\tag{9.3.4}
$$

其中 $\varDelta^k = D^k - W^{-1}(H \circ H \circ (D^k - \varDelta)) W^{-1} - c W^{-\frac{1}{2}} J^w (I - U^k) J^w W^{-\frac{1}{2}}$.

下面给出求解 (9.3.1) 的优超罚算法.

算法 9.3.1 求解 (9.3.1) 的优超罚算法

---

1. 初始化 $D^0 \in \mathcal{S}^n$, $c_0 > 0$. 令 $k := 0$.

2. 令 $\varDelta^k = D^k - W^{-1}(H \circ H \circ (D^k - \varDelta)) W^{-1} - c W^{-\frac{1}{2}} J^w (I$
   $- U^k) J^w W^{-\frac{1}{2}}$. 求解 (9.3.4) 得到 D^{k+1}.

3. 收敛性检测: 若 $D^{k+1} = D^k$, 停止; 否则, 转 4.

4. 更新 c: 若 $\mathrm{rank}(J D^{k+1} J) \leqslant r$, 令 $c_{k+1} = c_k$; 否则, $c_{k+1} > c_k$.
   $k := k + 1$, 转 2.

9.4 求解子问题的 ABCD 算法

我们采用加速块坐标下降算法 (accelerated block coordinate descent,

ABCD)[126] 来求解 (9.3.4). 问题 (9.3.4) 是一个带有盒子约束的对角权重的最近欧氏距离阵问题. 令

$$\widetilde{D} = W^{\frac{1}{2}} D W^{\frac{1}{2}}, \quad \widetilde{\Delta} = W^{\frac{1}{2}} \Delta^k W^{\frac{1}{2}},$$

$$\mathcal{K}_w^n = \{X \in \mathcal{S}^n, \ X \preceq 0 \ \text{on} \ \{W^{\frac{1}{2}}\mathbf{1}\}^\perp\},$$

问题 (9.3.4) 等价于

$$\begin{cases} \min\limits_{D \in \mathcal{S}^n} & \dfrac{1}{2}\|\widetilde{D} - \widetilde{\Delta}\|^2 \\ \text{s.t.} & \mathcal{A}(\widetilde{D}) = 0, \\ & \widetilde{D} \in \mathcal{K}_w^n, \\ & \widetilde{D} \in \widetilde{\mathcal{P}}, \end{cases} \tag{9.4.1}$$

其中,

$$\widetilde{\mathcal{P}} := \{D \in \mathcal{S}^n \mid w_i^{\frac{1}{2}} w_j^{\frac{1}{2}} l_{ij}^2 \leqslant D_{ij} \leqslant w_i^{\frac{1}{2}} w_j^{\frac{1}{2}} u_{ij}^2, (i,j) \in \mathcal{N}\}.$$

投影 $\mathcal{K}_w^n(\cdot)$ 可通过如下方式计算,

$$\Pi_{K_{\boldsymbol{w}}^n}(Y) := Y - \Pi_{S_+^n}(\widetilde{J} Y \widetilde{J}), \quad \widetilde{J} := I - \frac{1}{w^{\mathrm{T}} e} w^{\frac{1}{2}} (w^{\frac{1}{2}})^{\mathrm{T}},$$

特别地, $\Pi_{\mathcal{K}_-^n}(\cdot)$ 可由如下方式给出,

$$\Pi_{\mathcal{K}_-^n}(Y) := Y - \Pi_{S_+^n}(JYJ).$$

下面我们仅考虑求解如下优化问题:

$$\begin{cases} \min & \dfrac{1}{2}\|D - \Delta\|^2 \\ \text{s.t.} & \mathcal{A}(D) = 0, \\ & D \in \mathcal{K}_-^n, \\ & D \in \mathcal{P}. \end{cases} \tag{9.4.2}$$

其对偶问题为

$$\min_{(y,S,Z)} F(y,S,Z) = \frac{1}{2}\|\mathcal{A}^*y + S + Z + \Delta\|^2 + \delta_{\mathcal{K}_-^n}^*(-S) + \delta_{\mathcal{P}}^*(-Z),\ (9.4.3)$$

其中 $\{y,S,Z\} \in R^n \times \mathcal{S}^n \times \mathcal{S}^n$ 分别是对应于等式约束、锥约束和盒子约束的拉格朗日乘子.

ABCD 的思想如下. 为了处理问题 (9.4.3) 中的两个非光滑项, 由 Danskin 定理[126,定理2.1], 我们可以关于一个块求极小, 消去一个非光滑项, 带入后再关于第二个非光滑项采用对称 GS (symmetric Gauss Seidel, sGS) 迭代技术. 最后, 再嵌入到加速迫近梯度算法 (accelerated proimal gradient method) 的框架中. 从而得到加速块坐标下降算法. 记 $x_0 = Z$, $x = (x_1, x_2) = (S,\ y)$. 令

$$\varphi(x_0) = \delta_{\mathcal{P}}^*(-Z), \quad p(x_1) = \delta_{\mathcal{K}_-^n}^*(-S), \quad \phi(x_0, x) = \frac{1}{2}\|\mathcal{A}^*y + S + Z + \Delta\|^2,$$
$$(9.4.4)$$

及

$$f(x) = \inf_{x_0}\{\varphi(x_0) + \phi(x_0, x)\}. \tag{9.4.5}$$

ABCD 算法[126] 框架如下.

算法 9.4.1   ABCD 算法框架

初始. 给定 $\tilde{x}^1 = x^0 \in \mathcal{S}^n \times R^n$, $t_1 = 1, k = 1$.

1. 计算

$$x_0^k = \arg\min_{x_0}\{\varphi(x_0) + \phi(x_0, \tilde{x}^k)\}.$$

2. 令 $\mathcal{Q}: \mathcal{S}^n \times R^n \to \mathcal{S}^n \times R^n$ 为自伴随半定线性算子

$$x^k \approx \arg\min_{x \in \mathcal{S}^n \times R^n}\Big\{p(x_1) + f(\tilde{x}^k) + \langle \nabla f(\tilde{x}^k),\ x - \tilde{x}^k\rangle$$
$$+ \frac{1}{2}\langle x - \tilde{x}^k,\ \mathcal{Q}(x - \tilde{x}^k)\rangle + \frac{1}{2}\|x - \tilde{x}^k\|_{\text{sGS}(\mathcal{Q})}^2\Big\}$$

$$= \underset{x \in \mathcal{S}^n \times R^n}{\arg \min} \Big\{ p(x_1) + f(\tilde{x}^k) + \langle \nabla_x \phi(x_0^k, \ \tilde{x}^k), \ x - \tilde{x}^k \rangle$$

$$+ \frac{1}{2} \langle x - \tilde{x}^k, \ \mathcal{Q}(x - \tilde{x}^k) \rangle + \frac{1}{2} \| x - \tilde{x}^k \|_{\mathrm{sGS}(\mathcal{Q})}^2 \Big\}$$

3. 令 $t_{k+1} = \dfrac{1 + \sqrt{1 + 4t_k^2}}{2}$, $\tilde{x}^{k+1} = x^k + \dfrac{t_k - 1}{t_{k+1}}(x^k - x^{k-1})$. $k := k+1$.

   $k + 1$ 转 1.

注意到 $AA^* = I$, 因此有

$$\nabla_x \phi(x_0, x) = \begin{pmatrix} A^* y + S + Z + \Delta \\ y + A(S + Z + \Delta) \end{pmatrix}. \tag{9.4.6}$$

记

$$\mathcal{Q} = \nabla_x^2 \phi(x_0, x) = \begin{pmatrix} I & A^* \\ A & I \end{pmatrix}.$$

对于 $\mathcal{Q}$, $\|x\|_{\mathcal{O}}$ 定义为 $\|x\|_{\mathcal{O}} := \sqrt{\langle x, \ \mathcal{O}x \rangle}$. 记 $\mathcal{Q}$ 的上三角算子为 $\mathcal{U}$, 对角算子为 $\mathcal{D}$. 则 $\mathrm{sGS}(\mathcal{Q})$ 为 $\mathrm{sGS}(\mathcal{Q}) := \mathcal{U}\mathcal{D}^{-1}\mathcal{U}^*$. 当 (y^k, S^k, Z^k) 得到以后, 原变量 D^k 为

$$D^k = A^* y^k + S^k + Z^k + \Delta.$$

经计算, 可得到 ABCD 的算法实现如下.

算法 9.4.2 ABCD 求解问题 (9.4.2)

初始点 $(\tilde{S}^1, \tilde{y}^1) = (S^0, y^0)$, 令 $t_1 = 1, k = 1$.

1. 计算 Z^k,

$$Z^k = \Pi_{\mathcal{P}}(\mathcal{A}^* \tilde{y}^k + \tilde{S}^k + \Delta) - (\mathcal{A}^* \tilde{y}^k + \tilde{S}^k + \Delta).$$

2. 计算 $\hat{y}^k$, S^k, y^k,

$$\hat{y}^k = -\mathcal{A}(\tilde{S}^k + Z^k + \Delta),$$

$$S^k = \Pi_{\mathcal{K}_-^n}(\mathcal{A}^*\hat{y}^k + Z^k + \Delta) - (\mathcal{A}^*\hat{y}^k + Z^k + \Delta),$$

$$y^k = -\mathcal{A}(S^k + Z^k + \Delta).$$

3. 令 $t_{k+1} = \dfrac{1 + \sqrt{1 + 4t_k^2}}{2}$, $\beta_k = \dfrac{t_k - 1}{t_{k+1}}$, 及

$$\tilde{S}^{k+1} = S^k + \beta_k(S^k - S^{k-1}), \ \tilde{y}^{k+1} = y^k + \beta_k(y^k - y^{k-1}).$$

$k := k + 1.$ 转 1.

9.5　数　值　结　果

部分蛋白质原子结构的重构效果如下 (图 9.5.1~ 图 9.5.4).

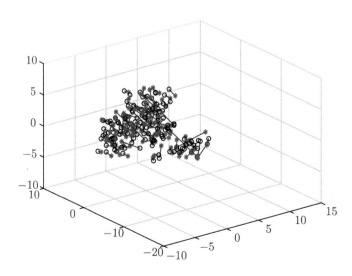

图 9.5.1　1PBM(n=126), EDM-ABCD RMSD = 1.750

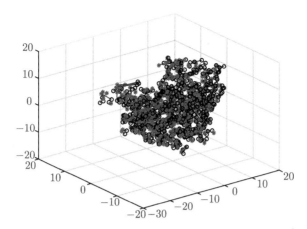

图 9.5.2   1PHT(n=666), EDM-ABCD RMSD = 1.718

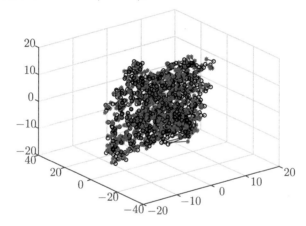

图 9.5.3   1F39(n=767), EDM-ABCD RMSD = 1.285

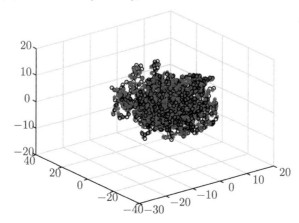

图 9.5.4   1POA(n=914), EDM-ABCD RMSD = 1.179, eDISCO RMSD = 1.154

第10章　应用：姿态感知

10.1　问 题 介 绍

在大型机械的操作过程中, 机械臂的精准操控是一个重要问题. 机械臂一般由若干节臂架组成. 经常用于将特定材料运送到指定地点. 如在泵车浇筑过程中, 需要将水泥运送到指定浇筑点进行浇筑. 在大型臂架操作过程中有两个挑战性问题: 第一是实现臂架末端的精准定位, 以便于将材料运送到指定地点. 如对泵车来说, 定位不准导致经常需要人工拖拽臂架末端, 将末端对准指定地点以实现水泥浇筑. 这样具有安全隐患, 常常会发生水泥管道过热而产生人员烫伤等安全问题. 第二是需要自动避障. 在操作过程中, 操作员视线受限, 因而需要大型臂架能够自动避开障碍物, 如人群、树木等. 因此对臂架姿态的准确描述便是所谓的姿态感知问题. 现有的姿态感知方法有基于倾角传感器的方法[109,110,136], 以及基于计算机视觉的方法[85,96,133]. 前者容易产生大量的累积误差, 后者则依赖于视线可见性.

姿态感知的数学问题可以抽象为对每节臂架进行定位. 换句话说, 即对臂架与臂架连接处 (称为结点) 进行定位. 下面我们对姿态感知问题进行数学建模. 假设有 p 节臂架, 从臂架末端到臂架的根节点处依次为第 1 节, 第 2 节 $,\cdots,$ 第 p 节. 第一节的末端称为结点 1, 往根部依次记结点为 $2,3,\cdots,p,p+1$. 那么最后一个结点 $(p+1)$ 实际上位于基车上, 是已知位置. 我们的目标是找到 $1,\cdots,p$ 的位置.

在 $t-1$ 时刻, 给定一些已知点 $p+1, \cdots, n$ 的位置 $w_{p+1}, \cdots, w_n \in R^3$, 及未知点 $1, \cdots, p$ 的估计 $\tilde{w}_1, \cdots, \tilde{w}_p$ 的位置估计, 及一些距离的估计 $\delta_{ij}, i \in \{1, \cdots, p\}, j \in \{p+1, \cdots, n\}$, 找到 t 时刻的位置 $w_1, \cdots, w_p \in R^3$. 如图 10.1.1($p = 5, n = 9$). 这里, 我们选取点 $t+1$ 为坐标原点.

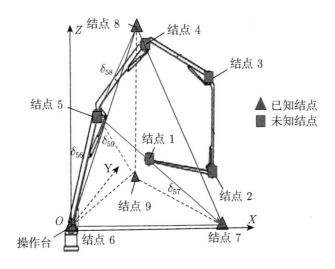

图 10.1.1 姿态感知问题示意图

姿态感知问题可以理解为一个定位问题, 但是和一般的定位问题不同的是, 它有本身的特点. 注意到, 由于臂架长度是固定的, 因此在姿态感知问题中, 相邻两个未知点之间的距离是固定值. 即, 我们还有如下已知条件:

特点 I: $\|w_{j+1} - w_j\| = L_j, \quad j = 1, \cdots, p,$ \hfill (10.1.1)

其中 L_j 是第 j 节臂架长度, $j = 1, \cdots, p$. 这在定位问题中可以作为等式约束出现. 然而, 由于该等式约束的存在, 导致一般的求解传感器网络定位问题的算法 (如文献 [11]) 并不能拓展到该问题上. 因此下面我们将建立基于欧氏距离阵的优化模型进行求解[24].

10.2   基于欧氏距离阵的优化模型

从欧氏距离阵的角度来理解姿态感知问题, 想要找到点的位置 $w_1, \cdots, w_p$, 一个自然的想法是先找到这些点对应的欧氏距离阵, 然后借助 cMDS 就可以得到点的位置的估计 $\hat{w}_1, \cdots, \hat{w}_p$.

假设有一个欧氏距离阵的近似 $G \in \mathcal{S}^n$, 我们想找到一个离 G 最近的欧氏距离阵, 而且其嵌入维度需要在 3 维以内. 因此就得到如下的带有秩约束的最小二乘问题:

$$\begin{cases} \min_{D \in \mathcal{S}^n} \dfrac{1}{2}\|H \circ (D - G)\|_F^2 \\ \text{s.t.} \quad D \text{ is a EDM}, \\ \qquad \text{rank}(JDJ) \leqslant 3, \end{cases} \tag{10.2.1}$$

其中 "$\circ$" 表示 Hadamard 乘积, $H \in \mathcal{S}^n$ 是非负权重矩阵. 仍然采用 EDM 的等价描述[139]

$$\text{Diag}(D) = \mathbf{0}, \quad D \in K_-^n,$$

其中 $K_-^n = \{X \in \mathcal{S}^n|\ v^{\mathrm{T}}Xv \geqslant 0,\ \forall v \in e^{\perp}\}$. 同时, 为了纳入臂架长度的信息, 我们将其作为等式约束

$$D_{jj+1} = L_j^2, \quad j = 1, \cdots, p$$

加入模型中, 得到

$$\begin{cases} \min_{D \in \mathcal{S}^n} \dfrac{1}{2}\|H \circ (D - G)\|_F^2 \\ \text{s.t.} \quad \text{Diag}(D) = \mathbf{0},\ -JDJ \succeq \mathbf{0},\ D \in K_-^n, \\ \qquad D_{jj+1} = L_j^2,\ j = 1, \cdots, p, \\ \qquad \text{rank}(JDJ) \leqslant 3. \end{cases} \tag{10.2.2}$$

该模型可以用文献 [103] 中所讨论的优超罚方法进行求解. 得到欧氏距离阵后, 便可以对 D 采用 cMDS, 得到嵌入点 $v_1, \cdots, v_n$. 然后采用常规的后处理流程 (Procrustes 及 Refinement) 得到 $1, \cdots, p$ 的最终估计 $\hat{v}_1, \cdots, \hat{v}_p$.

10.3 泵 车 情 形

泵车是一个大型臂架机械装置, 用于将液体水泥浇筑到指定地点, 在建筑工程中是一种常用的设备. 泵车的特点是它只有一个转盘, 即在每个臂架的关节处只能曲和伸, 而不能旋转. 换句话说, 所有的臂架可以看作在同一垂直于水平面的 2 维平面中. 这是泵车自身的结构特点.

特点 II: 所有臂架均在同一垂直平面内.

用数学的语言描述, 记 s 为 R^3 中的 2 维平面, 且 $1, \cdots, p, p+1 \in s$. 但是, 固定点 $p+2, \cdots, n$ 可能不在该平面内. 因此, 如果我们对泵车直接用上面所提到的欧氏距离阵的模型, 就没法保证所求的点在同一 2 维平面内. 因此, 我们提出如下策略. 我们分为三步: 第一步, 将点进行坐标变换, 映射到 2 维平面内; 第二步, 在 2 维平面内求解欧氏距离阵模型; 第三步, 将 2 维平面上求到的点返回到 3 维空间, 得到所求点的坐标. 具体如下.

10.3.1 第一步: 坐标变换

注意到我们将第 $(p+1)$ 个点作为坐标原点, 记为 O. 已有的信息是 $(t-1)$ 时刻 R^3 中的估计点 $\tilde{w}_1, \cdots, \tilde{w}_p$. 为了确定平面 s, 我们用图 10.3.1 示意. 首先将 $\tilde{w}_1, \cdots, \tilde{w}_p$ 投影到水平 XOY 面. 理想情况下, 它们的投影应该在一条直线上, 但是实际并不是. 因此我们采用最小二

乘找到一条直线 OA', 表达式为 $y = Kx$. 那么垂直面 $A'OZ$ 和 XOZ 之间的夹角为 $\theta = \arctan K$. 而垂面 $A'OZ$ 即为我们要寻找的 2 维垂面.

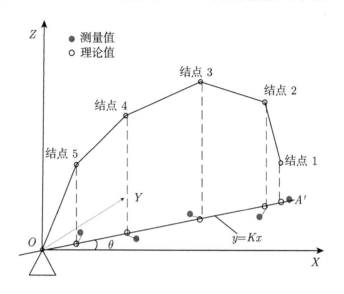

图 10.3.1　垂直面的确定

接下来, 点 $(x_i, y_i, z_i)\,(i = p + 2, \cdots, n)$ 可投影到 $A'OZ$ 平面, 得到对应的点 $(a_i, b_i), i = p + 2, \cdots, n$. 投影的计算公式为

$$\begin{cases} a_i = \sqrt{x_i^2 + (x_i \tan \theta)^2} + \sin \theta (y_i - x_i \tan \theta), \\ b_i = z_i. \end{cases} \tag{10.3.1}$$

观测到的距离的近似值 δ_{ij} 也可转化为相应的 $A'OZ$ 面上的距离的近似 $\hat{\delta}_{ij}$, 计算公式为

$$\hat{\delta}_{ij} = \sqrt{\delta_{ij}^2 - x_i^2 - y_i^2 + a_i^2}.$$

坐标变换及距离的投影见图 10.3.2.

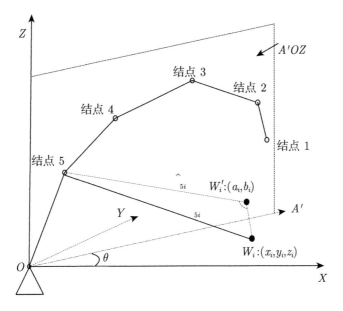

图 10.3.2 坐标变换示意图

10.3.2 第二步: 2 维平面中的欧氏距离阵模型

得到垂直的 2 维平面后, 我们可以应用欧氏距离阵模型, 不过此时的嵌入维数约束应改为

$$\mathrm{rank}(JDJ) \leqslant 2.$$

经过后处理, 得到估计点的坐标后, 再通过坐标变换转换到 3 维坐标, 得到 $\hat{w}_1, \cdots, \hat{w}_p$.

10.4 仿 真 结 果

10.4.1 大型器械姿态感知

我们测试了一个具有 5 节臂架的大型器械 $(p = 5)$, 臂架长度分别为 9m, 7m, 7m, 9m, 9m. 为了凸显臂架长度约束的效果, 我们测试了欧氏距离阵模型中不带等式约束的情形, 记为 EDM1. EDM2 是加入等式约束的欧氏距离阵模型[1]. 我们与定位问题的 SDP 算法[2][11], SR-LS 算法[3][7] 比较. 对于 EDM1 和 EDM2, G 初始化如下.

$$G = \begin{cases} \|w_i - w_j\|^2, & i, j = p+1, \cdots, n, \\ \delta_{ij}^2, & i = 1, \cdots, p; j = p+1, \cdots, n, \\ \|\tilde{w}_i - \tilde{w}_j\|^2, & i, j = 1, \cdots, p. \end{cases} \tag{10.4.1}$$

H 元素取为 1.

图 10.4.1 报告了随机 3000 次取平均的结果, 其中,

$$\text{RMSE} := 1 \left/ \sqrt{p} \left(\sum_{i=1}^{p} \|\hat{w}_i - w_i\|^2 \right)^{1/2} \right.$$

可以看到, EDM1 和 SDP 效果近似, 优于 SR-LS. 而采用了等式约束的 EDM2 明显优于其他算法. 时间及每节臂架的绝对误差见表 10.4.1 EDM2 的优势 (用黑体表示) 更加明显.

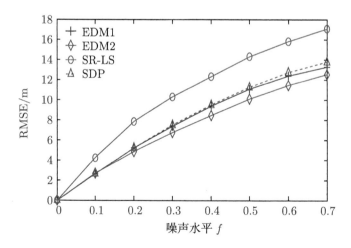

图 10.4.1　不同噪声水平下 RMSE 比较

① http://www.personal.soton.a c.uk/hdqi/.

② http://web.stanford.edu/ yyye/Col.html.

③ https://github.com/daiyijue-XTU/EMBED-SRLS/ tree.

表 10.4.1 臂架长度绝对误差比较

SEGMENT	1	2	3	4	5	CPU 时间/s
SDP	1.639	1.623	1.554	1.540	1.681	0.286
SR-LS	2.215	4.964	5.780	4.743	5.024	0.519
EDM1	1.630	1.629	1.554	1.548	1.692	0.041
EDM2	**0.057**	**0.014**	**0.015**	**0.016**	**0.017**	**0.047**

10.4.2 泵车仿真结果

对于泵车情形, 用 CEDM2 表示加入坐标变换的 EDM2. 我们还与传统方法 TPSM 比较.

测试一 图 10.4.2 也是随机 3000 次后的平均 RMSE. 图 10.4.3 为泵车臂架的恢复比较. 显然可以看到, CEDM2 明显优于其他算法.

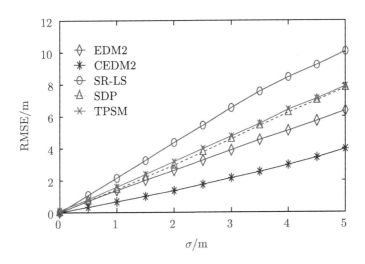

图 10.4.2 不同标准差下的 RMSE 比较

测试二 我们还测试了大噪声情形下的数据. 结果在表 10.4.2. 可以看到, 即使在这种情况, CEDM2 仍然具有明显的优势.

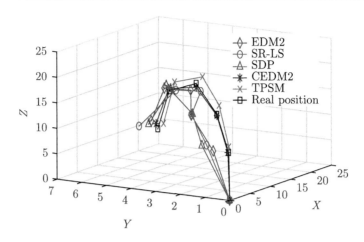

图 10.4.3 真实姿态与估计姿态 $(\sigma = 2)$

表 10.4.2 NLOS 情形下各方法的比较

	SDP	SR-LS	TPSM	EDM2	CEDM2
RMSE/m	4.503	5.464	4.765	4.249	**2.533**
CPU 时间/s	0.312	0.539	0.019	0.048	**0.063**

参 考 文 献

[1] Ambrosi K, Hansohm J. Ein dynamischer Ansatz zur Reprasentation von Objekten. Operations Research Proceedings 1986. Berlin: Springer-Verlag, 1987.

[2] Anderberg M R. Cluster Analysis for Applications. New York: Academic Press, 1973.

[3] Apostol I, Szpankowski W. Indexing and mapping of proteins using a modified nonlinear Sammon projection. J. Computational Chem., 1999, 20: 1049-1059.

[4] Barlow R E, Bartholomew D J, Bremner J M, Brubk H D. Statistical Inference under Order Restrictions. London: Wiley, 1972.

[5] Barnett S. Matrices: Methods and Applications. Oxford: Oxford University Press, 1990.

[6] Baulieu F B. A classification of presence/absence dissimilarity coefficients. J. Classification, 1989, 6: 233-246.

[7] Beck A, Stoica P, Li J. Exact and approximate solutions of source localization problems. IEEE Transactions on Signal Processing, 2008, 56: 1770-1778.

[8] Bénasséni J. Partial additive constant J. Stat. Computation Simulation, 1994, 49: 179-193.

[9] Bentler P M, Weeks D G. Restricted multidimensional scaling models. J. Mathematical Psychol., 1978, 17: 138-151.

[10] Bloxom B. Bloxam78 constrained multidimensional scaling in N spaces. Psychometrika, 1978, 43: 283-319.

[11] Biswas P, Liang T C, Toh K C, Ye Y, Wang T C. Semidefinite programming approaches for sensor network localization with noisy distance measurements. IEEE Transactions on Automation Science and Engineering, 2006, 3: 360-371.

[12] Biswas P, Toh K C, Ye Y. A distributed SDP approach for large-scale noisy

anchor-free graph realization with applications to molecular conformation. SIAM Journal on Scientific Computing, 2008: 30(3): 1251-1277.

[13] Borg I, Groenen P J F. Modern Multidimensional Scaling. New York: Springer, 2005.

[14] Borg I, Lingoes J C. A model and algorithm for multidimensional scaling with external constraints on the distances. Psychometrika, 1980: 45, 25-38.

[15] Cailliez F. The analytical solution of the additive constant problem. Psychometrika, 1983, 48: 305-308.

[16] Cailliez F, Kuntz P. A contribution to the study of the metric and Euclidean structures of dissimilarities. Psychometrika, 1996, 61: 241-253.

[17] Calvert T W. Nonorthogonal projections for feature extraction in pattern recognition. IEEE Trans. Comput., 1970, 19: 447-452.

[18] Chang C L, Lee R C T. A heuristic relaxation method for nonlinear mapping in cluster analysis. IEEE Trans. Syst. Man. Cybern., 1973, 3: 197-200.

[19] Chatfield C, Collins A J. Introduction to Multivariate Analysis. London: Chapman and Hall, 1980.

[20] Cooper L G. A new solution to the additive constant problem in metric multidimensional scaling. Psychometrika, 1972, 37: 311-321.

[21] Cormack R M. A review of classification (with discussion). J. R. Stat. Soc., A., 1971, 134: 321-367.

[22] Cox T F, Cox M A A. Multidimensional Scaling. London: Chapman and Hall/CRC.

[23] Critchley F. Multidimensional scaling: a short critique and a new method. Corsten L C A, Hermans J. (eds.), COMPSTAT 1978. Vienna: Physica-Verlag, 1978.

[24] Dai Y J, Yao Z Q, Li Q N, Xie D. A Euclidean-distance-matrix-based posture sensing method for large engineering manipulators. Technical Teport, Xiangtan University, 2018.

[25] Dattorro J. Convex Optimization and Euclidean Distance Geometry. USA: Meboo Publishing, 2008.

[26] Davenport M, Studdert-Kennedy G. The statistical analysis of aesthetic judgements: an exploration. J R. Stat. Soc., C., 1972, 21: 324-333.

[27] Davies P M, Coxon A P M. The MDS(X) User Manual. University of Edinburgh, Program Library Unit, 1983.

[28] De Jong S, Heidema J, van der Knapp H C M. Generalized Procrustes analysis of coffee brands tested by five European sensory panels. Food Qual. Prefernce, 1998, 9: 111-114.

[29] De Leeuw J. Applications of convex analysis to multidimensional scaling. Barra J R, Brodeau F, Romier G, van Cutsen B. (ed.). Recent Developments in Statistics, Amsterdam: North Holland, 1977: 133-145.

[30] De Leeuw J. Convergence of the majorization method for multidimensional scaling. J. Classification, 1988, 5: 163-180.

[31] De Leeuw J. Fitting distances by least squares. Unpublished report, 1992.

[32] De Leeuw J, Heiser W. Convergence of correction matrix algorithms for multidimensional scaling. Lingoes J C (ed.). Geometric Representations of Relational Data. Ann Arbor, MI: Mathesis Press, 1977.

[33] De Leeuw J, Heiser W. Multidimensional scaling with restrictions on the configuration. Krishnaiah, P.R. (ed.). Multivariate Analysis V. Amsterdam: North Holland, 1980.

[34] De Leeuw J, Heiser W. Theory of multidimensional scaling. Krishnaiah P R, Kanal L N (ed.). Handbook of Statistics, Vol.2. Amsterdam: North Holland, 1982: 285-316.

[35] Diday E, Simon J C. Clustering analysis. Fu K S (ed.). Communication and Cybernetics 10 Digital Pattern Recognition. Berlin: Springer-Verlag, 1976.

[36] Digby P G N, Kempton R A. Multivariate Analysis of Ecological Communities. London: Chapman and Hall, 1987.

[37] Dokmanic I, Parhizkar R, Ranieri J, Vetterli M. Euclidean distance matrices: Essential theory, algorithms, and applications. IEEE Signal Processing Magazine, 2015, 32(6): 12-30.

[38] Dryden I L, Mardia K V. The Statistical Analysis of Shape. New York: Wiley, 1998.

[39] Dryden I L, Faghihi M R, Taylor C C. Procrustes shape analysis of planar point subsets. J. R. Stat. Soc., B., 1997, 59: 353-374.

[40] Eckart C, Young G. Approximation of one matrix by another of lower rank. Psychometrika, 1936, 1: 211-218.

[41] Ekman G. Dimensions of colour vision. J. Psychol., 1954, 38: 467-474.

[42] Facchinei F, Pang J S. Finite-Dimensional Variational Inequalities and Complementarity Problems. New York: Springer, 2003.

[43] Faller J Y, Klein B P, Faller J F. Characterization of cornsoy breakfast cereals by generalized Procrustes analysis. Cereal Chem., 1998, 75: 904-908.

[44] Fang X Y, Kim C T. Using a Distributed SDP Approach to Solve Simulated Protein Molecular Conformation Problems. Distance Geometry: Theory, Methods, and Applications. Mucherino A, Lavor C, Liberti L, Maculan N (ed.). New York: Springer, 2013: 351-376.

[45] Fawcett C D. A second study of the variation and correlation of the human skull, with special reference to the Naqada crania. Biomegtrika, 1901, 1: 408-467.

[46] Fichet B. L_p spaces in data analysis. Bock H H (ed.). Classification and Related Methods of Data Analysis, Amsterdam: North Holland, 1989: 439-444.

[47] Gaffke N, Mathar R. A cyclic projection algorithm via duality. Metrika, 1989, 36: 29-54.

[48] Goodall C. Procrustes methods in the statistical analysis of shape. JRSS, Series B, 1991, 53: 285-339.

[49] Gordon A D. Classification. 2nd ed. London: Chapman and Hall/CRC Press, 1999.

[50] Gower J C. Measures of similarity, dissimilarity and distance. Kotz S, Johnson N L, Read C B (ed.). Encyclopedia of Statistical Sciences, 1985, 5: 397-405.

[51] Gower J C. Orthogonal and projection Procrustes analysis. Krzanowski W J (ed.). Recent Advances in Descriptive Multivariate Analysis, Oxford: Clarendon Press, 1994.

[52] Gower J C, Dijksterhuis G B. Multivariate analysis of coffee images—a study in the simultaneous display of multivariate quantative and qualitative variables for several assessors. Qual. Quantity, 1994, 28: 165-184.

[53] Gower J C, Hand D J. Biplots. London: Chapman and Hall, 1996.

[54] Gower J C, Legendre P. Metric and Euclidean properties of dissimilarity coefficients. J. Classification, 1986, 3: 5-48.

[55] Green B F. The orthogonal approximation of an oblique structure in factor analysis. Psychometrika, 1952, 17: 429-440.

[56] Green B F, Gower J C. A problem with congruence. The Annual Meeting of the Psychometric Society, Monterey, California, 1979.

[57] Greenacre M J. Theory and Applications of Correspondence Analysis. London: Academic Press Inc, 1984.

[58] Greenacre M J, Underhill L G. Scaling a data matrix in a low dimensional Euclidean space. Hawkins D M (ed.). Topics in Applied Multivariate Analysis. Cambridge: Cambridge Unversity Press, 1982: 183-268.

[59] Groenen P J F. The Majorization Approach to Multidimensional Scaling: Some Problems and Extensions. Leiden, NL: DSWO Press, 1993.

[60] Guttman L. A general nonmetric technique for finding the smallest coordinate space for a configuration of points. Psychometrika, 1968, 33: 469-506.

[61] Hartigan J A. Representation of similarity matrices by stress. J. Am. Stat. Assoc., 1967, 62: 1140-1158.

[62] Healy M J R. Matrices for Statistics. Oxford: Clarendon Press, 1986.

[63] Heiser W J. Multidimensional scaling with least absolute residuals. Bock H H (ed.). Classification and Related Methods of Data Analysis, Amsterdam: North Holland, 1988: 455-462.

[64] Heiser W J. A generalized majorization method for least squares multidimensional scaling of pseudodistances that may be negative. Psychometrika, 1991, 56: 7-27.

[65] Hubálek Z. Coefficients of association and similarity based on binary (presence-absence) data; an evaluation. Biol. Rev., 1982, 57: 669-689.

[66] Hurley J R, Cattell R B. The Procrustes program: producing direct rotation to test a hypothesized factor structure. Behavioral Science, 1962, 7: 258-262.

[67] Jackson D A, Somers K M, Harvey H H. Similarity coefficients: measures of co-occurrence and association or simply measures of occurrence? Am. Nat., 1989, 133: 436-453.

[68] Jackson M. Michael Jackson's Malt Whisky Companion: A Connoisseur's Guide to the Malt Whiskies of Scotland. London: Dorling Kindersley, 1989.

[69] Jardine N, Sibson R. Mathematical Taxonomy. London: Wiley, 1971.

[70] Jiang K F, Sun D F, Toh K C. A partial proximal point algorithm for nuclear norm regularized matrix least squares problems. Mathematical Programming of Computation, 2014, 6: 281-325.

[71] Kendall D G. Seriation from abundance matrices. Hodson F R, Kendall D G, Tatu P (eds.). Mathematics in the Archaeological and Historical Sciences. Edinburgh: Edinburgh University Press, 1971.

[72] Kendall D G. On the tertiary treatment of ties. Appendix to Rivett, B.H.P., Policy selection by structural mapping. Proc. R. Soc. Lon., 1971, 354: 422-423.

[73] Kendal D G. Shape-manifolds, Procrustean metrics and complex projective spaces. Bull. Lon. Math. Soc., 1984, 16: 81-121.

[74] Kendall D G, Barden D, Carne T K, Le H. Shape and Shape Theory. Chichester, UK: Wiely, 1999.

[75] Klein R W, Dubes R C. Experiments in projection and clustering by simulated annealing. Pattern Recognition, 1989, 22: 213-220.

[76] Kruskal J B. Multidimensional scaling by optimizing goodness-of-fit to a nonmetric hypothesis. Psychometrika, 1964, 29: 1-27.

[77] Kruskal J B. Nonmetric multidimensional scaling: a numerical method. Psychometrika, 1964, 29: 115-129.

[78] Lapointe F J, Legendre P. A classification of pure malt Scotch whiskies. Appl. Stats., 1994, 43: 237-257.

[79] Lee S Y. Multidimensional scaling models with inequality and equality constraints. Commun. Stat. Simula. Computa., 1984, 13: 127-140.

[80] Lee S Y, Bentler P M. Functional relations in multidimensional scaling. Br. J. Mathematical Stat. Psycho., 1980, 33: 142-150.

[81] Lerner B, Gutterman H, Aladjem M, Dinstein I, Romem Y. On pattern classification with Sammon's nonlinear mapping-an experimental study. Pattern Recognition, 1998, 31: 371-381.

[82] Leung N H Z, Toh K C. An SDP-based divide-and-conquer algorithm for large-scale noisy anchor-free graph realization. SIAM Journal on Scientific Computing, 2009, 31(6): 4351-4372.

[83] Li Q N, Cao M Z. An ordinal weighted EDM Model for nonmetric multidimensional scaling: an application to image ranking. submitted to Science China Mathematics, Beijing Institute of Technology, 2018.

[84] Li Q N, Qi H D. An inexact smoothing Newton method for Euclidean distance matrix optimization under ordinal constraints. Journal of Computational Mathematics, 2017, 35(4): 467-483.

[85] Li G D, Tian G H, Xue Y H. Research on QR code-based visual servo handling of room service robot. J. Southeast Univ, 2010: 30-36.

[86] Liberti L, Lavor C, Maculan N. A branch and prune algorithm for the molecular distance geometry problem. International Transactions in Operational Research, 2008, 15(1): 1-17 .

[87] Lingoes J C. Some boundary conditions for a monotone analysis of symmetric matrices. Psychometrika, 1971, 36: 195-203.

[88] Lingoes J C, Roskam E E. A mathematical and empirical study of two multidimensional scaling algorithms. Psychometrika Monograph Supplement, 1973: 38.

[89] Lu S T, Li Q N, Zhang M. Nonmetric multidimensional scaling: feasibility and algorithm. Technical report, 2019.

[90] Mardia K V. Some properties classical multidimensional scaling. Commun. Stat. Theor. Meth., 1978, A47: 1233-1241.

[91] Mardia K V, Kent J T, Bibby J M. Multivariate Analysis. London: Academic Press, 1979.

[92] Mather R. Dimensionality in constrained scaling. Bock H H (ed.). Classification and Related Methods of Data Analysis. Amsterdam: North Holland, 1988, 479-488.

[93] Mather R. Multidimensional scaling with constraints on the configuration. J. Multivatiate Anal., 1990, 33: 151-156.

[94] Messick S M, Abelson R P. The additive constant problem in multidimensional scaling. Psychometrika, 1956, 21: 1-15.

[95] Meulman J J. Principal coordinates analysis with optimal transformation of the variables-minimizing the sum of squares of the smallest eigenvalues. Br. J. Math. Stat. Psychol., 1993, 46: 287-300.

[96] Mila P, Dirk K, Leon B, Emre B, Nicolas P, Danica K, Tamim A, Norbert K. A strategy for grasping unknown objects based on co-planarity and color information. Robot. Auton. Syst, 2010: 551-565.

[97] Moré J J, Wu Z. Distance geometry optimization for protein structures. Jour-

nal of Global Optimization, 1999, 15(3): 219-234.

[98] Niemann H, Weiss J. A fast-converging algorithm for nonlinear mapping of high-dimensional data to a plane. IEEE Trans. Comput., 1979, 28: 142-147.

[99] Pastor M V, Costell E, Izquierdo L, Duran L. Sensory profile of peach nectars-evaluation of assessors and attributes by generalized Procrustes analysis. Food Science Technol. Int., 1996, 2: 219-230.

[100] Perez-Ortiz M, Fernandez-Navarro F, et al. Ordinal regression methods: survey and experimental study. IEEE Transactions on Knowledge and Data Engineering, 2016, 28(1): 127-146.

[101] Qi H D. A semismooth Newton method for the nearest Euclidean distance matrix problem. SIAM Journal on Matrix Analysis and Applications, 2013, 34(1): 67-93.

[102] Qi H D. Conditional quadratic semidefinite programming: Examples and Methods. Journal of Operations Research Society of China, 2014, 2: 143-170.

[103] Qi H D, Yuan X. Computing the nearest Euclidean distance matrix with low embedding dimensions Mathematical Programming. Mathematical Programming, 2014, 147: 351.

[104] Qiao X. Noncrossing ordinal classification. Statistics, 2015.

[105] Richman M B, Vermette S J. The use of Procrustes target analysis to discriminate dominant source regions of fine sulphur in the Western USA. Atmospheric Environ. Part A, 1993, 27: 475-481.

[106] Rivett B H P. Policy selection by structural mapping. Proc. R. Soc. Lon., 1977, 354: 422-423.

[107] Saito T. The problem of the additive constant and eigenvalues in metric multidimensional scaling. Psychometrika, 1978, 43: 193-201.

[108] Sammon J W. A nonlinear mapping for data structure analysis. IEEE Trans. Comput., 1969, 18: 401-409.

[109] SANY HEAVY IND CO LTD. Control method and control system of large

engineering manipulator CN. Patent 101633168, 2010.

[110] SANY HEAVY IND CO LTD. Control method and control device of mechanical articulated arm CN. Patent 101870110, 2010.

[111] Schneider R B. A uniform approach to multidimensional scaling. J. Classification, 1992, 9: 257-273.

[112] Schoenberg I J. Remarks to Maurice Frechet's article Sur La Definition Axiomatique D'Une Classe D'Espace Distances Vectoriellement Applicable Sur L'Espace De Hilbert, 1935.

[113] Schnemann P H. A generalized solution of the orthogonal Procrustes problem. Psychometrika, 1966, 31: 1-10.

[114] Schönemann P H, Carroll R M. Fitting one matrix to another under choice of a central dilation and a rigid motion. Psychometrika, 1970, 35: 245-256.

[115] Shepard R N. The analysis of proximities: multidimensional scaling with an unknown distance function I. Psychometrika, 1962, 27: 125-140.

[116] Shepard R N. The analysis of proximities: multidimensional scaling with an unknown distance function II. Psychometrika, 1962, 27: 219-246.

[117] Shepard R N, Carroll J D. Patametric representation of nonlinear data structures. Proceedings of th International Symposium on Multivariate Analysis. New York: Academic. Press, 1966: 561-592.

[118] Sibson R. Studies in the robustness of multidimensional scaling: Procrustes statistics. J. R. Stats. Soc., B., 1978, 40: 234-238.

[119] Sibson R. Studies in the robustness of multidimensional scaling; perturbational analysis Classical scaling. J. R. Stats. Soc., B., 1979, 41: 217-229.

[120] Siedlecki W, Siedlecki K, Sklansky J. An overview of mapping techniques for exploratory pattern analysis. Patt. Recog., 1988, 21: 411-429.

[121] Sinesio F, Monta E. Sensory evaluation of walnut fruit. Food Qual. Preference, 1996, 8, 35-43.

[122] Sneath P H A, Sokal R R. Numerical Taxonomy. San Francisco: W.H. Freeman

and Co, 1973.

[123] Snijders T A B, Dormaar M, van Schuur W H, Dijkman-Caes C, Driessen G. Distribution of some similarity coefficients for dyadic binary data in the case of associated attributes. J. Classification, 1990, 7: 5-31.

[124] Spaeth H J, Guthery S B. The use and utility of the monotone criterion in multidimensional scaling. Multivariate Behavioral Research, 1969, 4: 501-515.

[125] Spence I, Lewandowsky S. Robust multidimensional scaling. Psychometrika, 1989, 54: 501-513.

[126] Sun D F, Toh K C, Yang L Q. An efficient inexact ABCD method for least squares semidefinite programming. SIAM Journal on Optimization, 2016, 26(2): 1072-1100.

[127] Takane Y, Kiers H A L, de Leeuw J. Component analysis with different set of constraints on different dimensions. Psychometrika, 1995, 60: 259-280.

[128] Ten Berge J M F. Orthogonal Procrustes rotation for two or more matrices. Psychometrika, 1977, 42: 267-276.

[129] Ter Braak C J F. Multidimensional scaling and regression. Statistica Applicata, 1992, 4: 577-586.

[130] Torgerson W S. Multidimensional scaling: I. Theory and method. Psychometrika, 1952, 17: 401-419.

[131] Torgerson W S. Theory and Method of Scaling. New York: Wiely, 1958.

[132] Trosset M W. A new formulation of the nonmetric strain problem in multidimensional scaling. J. Classification, 1998, 15: 15-35.

[133] Vorobieva H, Soury M, Hde P, Leroux C, Morignot P. Object recognition and ontology for manipulation with an assistant robot. Proc. 8th International Conference on Smart Homes and Health Telematics, 2010: 178-185.

[134] Wagenaar W A, Padmos P. Quantitative interpretation of stress in Kruskal's multidimensional scaling technique. Br. J. Math. Stat. Psychol., 1971, 24: 101-110.

[135] Wang H, Shi Y, Niu L, Tian Y. Nonparallel support vector ordinal regression. IEEE Transactions on Cybernetics, 2017, 47(10): 3306-3317.

[136] Wang T, Wang G, Liu K, Zhou S. Simulation control of concrete pump truck boom based on PSO and gravity compensation. Proc. Intelligent Information Technology Application Conference, 2008, 3: 494-497.

[137] Weeks D G, Bentler P M. Restricted multidimensional scaling models for asymmetric proximities. Psychometrika, 1982, 47: 201-208.

[138] Winsberg S, De Soete G. Multidimensional scaling with constrained dimensions: CONSCAL. Br. J. Math. Stat. Psychol., 1997, 50: 55-72.

[139] Yong G, Householder A S. Discussion of a set of points in terms of their mutual distances. Psychometrika, 1938, 43: 433-435.

[140] Yu P P, Li Q N. Ordinal Distance Metric Learning with MDS for Image Ranking. Asia Pacific Journal of Operations Research, 2018, 35(1): 1850007.

[141] Zhai F Z, Li Q N. A Euclidean distance matrix model for protein molecular conformation. Submitted to Journal of Global Optimization, first revised, Beijing Institute of Technology, 2018.

[142] Zhou S L, Qi H D. A fast matrix majorization projection method for penalized stress minimization with box constraints. Technical Report, University of Southampton, 2018.

[143] 王金德. 有约束条件的统计推断及其应用. 北京: 科学出版社, 2012.

[144] 张润楚. 多元统计分析. 北京: 科学出版社, 2006.